Berichte aus dem
Institut für Umformtechnik
der Universität Stuttgart
Herausgeber: Prof. Dr.-Ing. K. Lange

59

Manfred Stilz

Umformverhalten legierter Sintereisen

Mit 75 Abbildungen und 5 Tabellen

Springer-Verlag
Berlin Heidelberg New York 1981

Dipl.-Ing. Manfred Stilz
Institut für Umformtechnik
Universität Stuttgart

Dr.-Ing. Kurt Lange
o. Professor an der Universität Stuttgart
Institut für Umformtechnik

D 93

ISBN-13:978-3-540-11051-4 e-ISBN-13:978-3-642-81712-0
DOI: 10.1007/978-3-642-81712-0

Gesamtherstellung: Drucken + Werben GmbH · Zettachring 12 · 7000 Stuttgart 80 (Fasanenhof-Industriegebiet) · Telefon (07 11) 715 69 06/07/08.

2362/3020—543210

GELEITWORT DES HERAUSGEBERS

Die Umformtechnik zeichnet sich durch sehr gute Werkstoffauswertung und hohe Mengenleistung in der Serienfertigung gegenüber anderen Fertigungsverfahren aus, wobei Beibehaltung der Masse, Änderung der Festigkeitseigenschaften während eines Vorgangs und elastische Rückfederung der Werkstücke nach einem Vorgang wesentliche Merkmale sind. Weiter sind die benötigten Kräfte, Arbeiten und Leistungen sehr viel größer als z.B. bei spanenden Verfahren. Die sichere Beherrschung eines Verfahrens in der industriellen Fertigung und die zunehmende Forderung nach Vermeidung bzw. Minimierung spanender Nacharbeit erzwingen die geschlossene Betrachtung des Systems "Umformende Fertigung" unter zentraler Berücksichtigung plastizitätstheoretischer, werkstoffkundlicher und tribologischer Grundlagen.

Das Institut für Umformtechnik der Universität Stuttgart stellt entsprechend Forschung und Entwicklung zum einen auf die Erarbeitung von Grundlagenwissen in diesen Bereichen ab, zum anderen untersucht und entwickelt es Verfahren unter Anwendung spezieller Meßtechniken mit dem Ziel einer genauen quantitativen Ermittlung des Einflusses der Parameter von Vorgang, Werkstoff, Werkzeug und Maschine. Die Behandlung von Problemen des Maschinenverhaltens, der Maschinenkonstruktion sowie der Werkzeugauslegung und -beanspruchung, der Auswahl hochbeanspruchbarer, verschleißfester Werkzeugbaustoffe und schließlich der Tribologie gehört entsprechend ebenfalls zum Arbeitsgebiet, das durch die Erfassung organisatorischer und betriebswirtschaftlicher Fragen abgerundet wird.

Im Rahmen der "Berichte aus dem Institut für Umformtechnik" erscheinen in zwangloser Folge jährlich mehrere Bände, in denen über einzelne Themen ausführlich berichtet wird. Dabei handelt es sich vornehmlich um Abschlußberichte von Forschungsvorhaben, Dissertationen, aber gelegentlich auch um andere Texte. Diese Berichte sollen den in der Praxis stehenden Ingenieuren und Wissenschaftlern zur Weiterbildung dienen und eine Hilfe bei der Lösung umformtechnischer Aufgaben sein. Für die Studierenden bieten sie die Möglichkeit zur Vertiefung der Kenntnisse. Die seit zwei Jahrzehnten bewährte freundschaftliche Zusammenarbeit mit dem Springer-Verlag sehe ich als beste Voraussetzung für das Gelingen dieses Vorhabens an.

Kurt Lange

V o r w o r t

Die vorliegende Arbeit entstand während meiner Tätigkeit als wissenschaftlicher Mitarbeiter am Institut für Umformtechnik der Universität Stuttgart.

Herrn Professor Dr.-Ing. K. Lange danke ich für die großzügige Unterstützung bei der Anfertigung dieser Arbeit, sowie für die vielen Hinweise und Anregungen.

Für die eingehende Durchsicht der Dissertation, aus der sich zahlreiche Anregungen ergaben, bin ich Herrn Prof. Dr. phil. nat. G. Zapf sehr dankbar.

Mein Dank gilt ferner auch allen Mitarbeiterinnen und Mitarbeitern des Instituts für Umformtechnik, die durch tätige Hilfe meine Arbeit unterstützt haben.

Die Mittel zur Durchführung wurden von der Deutschen Forschungsgemeinschaft zur Verfügung gestellt.

Stuttgart, Juli 1981

Manfred Stilz

Inhalt

Abkürzungsverzeichnis

Verwendete Größen, Formelzeichen und Einheiten

A	mm^2	Fläche
A_g	%	Gleichmaßdehnung
A_5	%	Bruchdehnung
a		Konstante
a_k	J/cm^2	Kerbschlagzähigkeit
C	N/mm^2	Fließspannung bei $\varphi = 1$
d	mm	Durchmesser
I_1		erste Invariante des Formänderungsgeschwindigkeitstensors
I'_2		zweite Invariante des Formänderungsgeschwindigkeitsdeviators
F	kN	Kraft
f	Hz	Frequenz
h	mm	Höhe
HB		Brinellhärte
HV		Vickershärte
k	N/mm^2	Schubfließgrenze
k_f	N/mm^2	Fließspannung
m		Reibfaktor
N		Lastspielzahl
n		Verfestigungsexponent, Konstante
ppm		parts per million
$\bar{p}$		bezogene Kraft
p_g	N/mm^2	Gegendruck
R_a	µm	Mittenrauhwert
R_m	N/mm^2	Zugfestigkeit
R_p	µm	Glättungstiefe
$R_{p0,2}$	N/mm^2	0,2-Dehngrenze
R_t	µm	Rauhtiefe
$R_{p0,2}/R_m$		Streckgrenzenverhältnis
T	°C /	Temperatur, Unstetigkeitsfläche
t	min	Sinterzeit
V	mm^3	Volumen

v	mm/s	Geschwindigkeit
Z	%	Brucheinschnürung
r, z, ϑ		Achsrichtungen
α_k		dichteabhängige Funktion
2α	Grd	Matrizenöffnungswinkel
δ	m	Eindringtiefe
ε_A		relative Querschnittsänderung
ε_V		Vergleichsformänderung
ε_{Vo}		Vergleichsformänderung resultierend aus der Verdichtung
ε_{ij}		Komponenten des Formänderungstensors
μ		Reibzahl
μ_R		relative magnetische Permeabilität
ρ	g/cm³	Dichte
ρ	Ω m	spezifischer elektrischer Widerstand
σ_{bw}	N/mm²	Biegewechselfestigkeit
σ_{bw}/R_m		Verhältnis von Biegewechselfestigkeit zu Zugfestigkeit
τ	N/mm²	Schubspannung
φ		Umformgrad

Indizes

a	Außen...
B	Boden...
ges	Gesamt...
i	Innen...
max	maximal
rel	relativ
St	Stempel...
O, M, U	Werkstückbereich: oben, Mitte, unten
0	Anfangs...
1	End...

Abkürzungen

NRFP	Napf-Rückwärts-Fließpressen
VVFP	Voll-Vorwärts-Fließpressen

0 Einleitung

Die Verfahren der Massivumformung erlangen, u.a. bedingt durch die sich seit 1974 stürmisch entwickelnden Energiekosten, zunehmend an Bedeutung. Die Frage nach den eingesetzten Energiemengen pro kg gefertigter Werkstücke wird sich in den nächsten Jahren noch verstärken. Im Vergleich zu den spanenden Fertigungsverfahren schneidet die Massivumformung in bezug auf den Energieverbrauch durch die höhere Werkstoffausnutzung besser ab.

Die Pulvermetallurgie ist ein weiteres Verfahren, das die eingesetzten Werkstoffmengen sehr gut ausnutzt. Ein zusätzlicher Vorteil der Pulvermetallurgie ist, daß zur Herstellung von einem kg Eisenpulver nur 22 MJ Energie benötigt werden [1], gegenüber 39 MJ beim konventionellen Eisen [2]. Der Energieverbrauch für das Sintern ist sehr stark von dem angewandten Verfahren abhängig. In Beispielen von Zapf [3] wurden für das Verdichten und Sintern von 1 kg Werkstoff zwischen 4 und 8 MJ benötigt. Auch bei Berücksichtigung dieser Energiemenge ist die Gesamtenergiebilanz beim pulvermetallurgischen Werkstoff immer noch günstiger als für den vergleichbaren schmelzmetallurgischen Werkstoff.

Der Einsatz von Sinterteilen in der Kaltumformung führt zu einer nochmaligen Reduzierung der aufzuwendenden Energiemenge insbesondere dann, wenn die Vorteile der einzelnen Verfahren voll ausgenützt werden. Die Pulvermetallurgie erlaubt nämlich bei Fließpreßteilen, die herkömmlich in mehreren Umformstufen gefertigt werden müßten, die Wahl einer optimierten Vorform, aus der das Fertigteil in einer Stufe gefertigt werden kann. Dabei kann auch auf eine zusätzliche Wärmebehandlung zwischen einzelnen Umformstufen verzichtet werden.

Die einzusetzende Werkstoffmasse kann bei der Pulverdosierung problemlos auf ±0,5% bestimmt werden. Beim Scheren von der Stange oder vom Draht ist eine so genaue Masseneinhaltung schwierig. Dies kann ein wesentlicher Vorteil der Pulvermetallurgie sein, wenn am fertigen Fließpreßteil sehr enge Werkstücktoleranzen eingehalten werden müssen. Ist die Toleranz von Bohrung zu Außenkontur sehr klein, dann kann ein auf pulvermetallurgischem Wege hergestelltes Rohteil eine spanende Nachbearbeitung ersparen.

Besondere Vorteile für die Verfahrenskombination Kaltumformen von porösen Werkstoffen sind dann gegeben, wenn ein großes ringförmiges Ausgangsteil vor dem Fließpressen vorliegen sollte. Für die Herstellung dieser Teile sind in der konventionellen Fertigung Pressen mit hohen Nennkräften erforderlich, und die Werkstoffverluste beim Lochen sind relativ hoch. Bei den pulvermetallurgischen Formgebungsverfahren sind die Preßkräfte zum Verdichten in erster Linie von der projizierten Fläche des Grünlings abhängig.

Die Kaltverfestigung von fließgepreßten Teilen wirkt sich in mehrfacher Hinsicht sehr vorteilhaft aus. Die Teile können aufgrund der höheren Festigkeit kleiner dimensioniert werden. Um gleiche Abmessungen bei gleicher Festigkeit zu erreichen, müßten bei spanend hergestellten Teilen höher legierte Werkstoffe eingesetzt werden. Diese Legierungselemente können in der Zukunft durch Verknappung zu bisher noch nicht überschaubaren Kostenfaktoren werden (z. B. über 50 % des heute verwendeten Chroms kommt aus Südafrika). In der Pulvermetallurgie können dagegen Phosphor und Nickel als billige festigkeitssteigernde Legierungselemente eingesetzt werden.

1 Stand der Erkenntnisse

Ergebnisse experimenteller Untersuchungen

In der Sintertechnologie werden heute, wenn das Pulver nur einmal verdichtet wird, relative Dichten $\rho_{rel\ 0} < 0{,}95$ und statische Festigkeitswerte bei unlegiertem Pulver von $R_m < 300$ N/mm² erreicht. Wenn Festigkeitswerte $R_m > 300$ bis 400 N/mm² gefordert werden, müssen teure, hochlegierte Sinterstähle eingesetzt werden [4 bis 8].

Die Verfahrenskombination Kaltumformen von Sintermetall führt schon bei Reineisen zu Festigkeitswerten von $R_m = 700$ bis 800 N/mm², damit liegen sie sogar höher als die eines in der Zusammensetzung vergleichbaren und mit identischen Werkzeugen umgeformten schmelzmetallurgischen Werkstoffes. Die hohe Festigkeit hat jedoch trotz der hohen relativen Dichte der kaltumgeformten Sinterteile von $\rho_{rel} = 0{,}97$ bis 0,99 stark verminderte Zähigkeitskennwerte zur Folge. Die Brucheinschnürung und Bruchdehnung liegen beim inkompressiblen Vergleichswerkstoff um das drei- bis vierfache über denen des Sintermetalls. Die Kerbschlagzähigkeit des Sintereisens beträgt nur 1/5 bis 1/10 des Vergleichswertes [5].

Durch eine anschließende Wärmebehandlung, wie z. B. Spannungsarmglühen, verbessern sich die Zähigkeitskennwerte wesentlich, wobei die Festigkeitswerte sich nur wenig vermindern. Die Kerbschlagzähigkeit wird durch diese zusätzliche Wärmebehandlung nicht beeinflußt [5]. Ein möglicher Grund für die schlechte Zähigkeit kann die relativ hohe Manganverunreinigung des dabei verwendeten Pulvers RZ 150 sein. Dessen Oxide sind während des Sinterns mit wirtschaftlich vertretbarem Aufwand nur in geringem Umfang zu reduzieren. Diese harten Oxide werden beim Fließpressen nicht umgeformt, höchstens gesprengt. Bei der Bruchflächenbetrachtung von Zugproben zeigen sich im Grund der einzelnen Waben Einschlüsse aus Manganverbindungen.

Einfluß von Pulverherstellung und Legierungszusätzen

Die Pulverherstellung (Luftverdüsen, Wasserverdüsen, Reduktion usw.) hat einen maßgeblichen Einfluß auf die Reinheit, die Teilchenform und die Teilchengrößenverteilung der Pulver und damit auf die Grünfestigkeit der Rohteile vor dem Sintern und auf die Werkstoffkennwerte der gesinterten Werkstücke. Besonders ein hoher Sauerstoffgehalt von > 1000 ppm beeinflußt die Duktilität und das Umformvermögen des Werkstoffs [9 bis 16]. Deshalb wird nach dem Sintern ein Sauerstoffgehalt < 200 ppm angestrebt [17]. Je reiner die Pulver sind, desto einfacher ist es, diesen Wert durch die reduzierende Atmosphäre beim Sintern zu erreichen. Das von [5] verwendete luftverdüste Pulver RZ 150 hat einen Sauerstoffgehalt von 0,65 % (= 6500 ppm), während die neueren wasserverdüsten Pulver zwischen 0,07 % und 0,2 % liegen.

In der Pulvermetallurgie wird zur Steigerung der Festigkeit häufig Nickel, Kohlenstoff oder auch Phosphor zulegiert. Nickel verbessert die Zugfestigkeit, Härte und Bruchzähigkeit, wobei sich die Bruchdehnung verschlechtert. Die Erhöhung des Nickelgehaltes bringt auch eine Steigerung der Dauerfestigkeit, jedoch nicht in dem von der Zugfestigkeit her erwarteten Maße [13, 14, 18 bis 23]. Eine billige Alternative zu Nickel als festigkeitssteigerndes Legierungselement ist Phosphor. Es ist allerdings bekannt, daß Phosphor zu einer starken Erhöhung der Übergangstemperatur führt, und daß diese Stähle zu interkristallinen Brüchen neigen [24]. Wenn zusätzlich mit Kohlenstoff legiert wird, verspröden diese Stähle teilweise schon bei Raumtemperatur vollständig. Bei kohlenstofffreien Legierungen haben die phosphorlegierten Stähle im Bereich bis $R_{p0,2}$ = = 800 N/mm² annehmbare statische und dynamische Eigenschaften [14, 15].

Das billigste Element zur Festigkeitssteigerung in der Pulvermetallurgie ist der Kohlenstoff. Da aber aus vorlegiertem Eisen hergestellte kohlenstoffhaltige Pulver wegen ihrer Sprödigkeit schlecht zu verpressen sind, gibt man den Kohlenstoff in Form von Graphit zu. Während des Sinterns brennt ein Teil des Kohlenstoffs ab, da alle Eisenpulver noch Restoxide

enthalten. Die Festigkeitssteigerung pro 0,1 % C beträgt bei nahezu allen Legierungssystemen im Mittel ca. 70 N/mm². Durch Zugabe von 0,37 % C zu reinem Sintereisen verdoppelt sich die Zugfestigkeit, während die Kerbschlagzähigkeit sich auf 1/8 verringert [15].
Dennoch zeigen die gesinterten Kohlenstoffstähle interessante physikalische Eigenschaften. Bei einem mittleren Kohlenstoffgehalt von 0,5 % wird ein Zugfestigkeits-, Härte- und Zähigkeitsniveau erreicht, das dem von teurem Ni-Cu-Sinterstahl gleichkommt [19, 12 bis 15, 25 bis 28].

Induktives Sintern

In den USA wird das induktive Kurzzeitsintern in Verbindung mit Sinterschmieden infolge seiner günstigen Integrierbarkeit in Fertigungsabläufe und der verhältnismäßig einfach erreichbaren höheren Sintertemperatur in anwendungsorientierten Entwicklungen als tragfähiges Verfahren erprobt [26, 29].

Die erzielten Festigkeitswerte induktiv gesinterter Formteile erreichen oder übertreffen in vielen Fällen diejenigen konventionell gesinterter Teile. Die Dehnungswerte sind allerdings vergleichsweise gering.

Aus den Festigkeitswerten und Gefügen der Sinterteile geht hervor, daß in manchen Fällen Sinterzeiten unter 5 min als optimal angesehen werden können.
Insgesamt gilt, daß Legierungen, die sich im Ofen gut sintern lassen, auch für das Induktionssintern geeignet sind. Besonders Legierungen, die eine hohe Sintertemperatur erlauben und eine große Grünfestigkeit besitzen, versprechen gute Ergebnisse. Eine wichtige Einflußgröße ist die Leitfähigkeit der Preßkörper, wobei der Unterschied zwischen gepreßtem und gesintertem Zustand nicht zu groß sein sollte [31, 32].

Analytische Ansätze für kompressible Werkstoffe

Die Besonderheiten des plastischen Verhaltens von Sintermetallen, hervorgerufen durch seine Porosität, wurden in [33,34,37,38]

eingehend untersucht. Es zeigt sich, daß der bei der Umformung herrschende hydrostatische Spannungszustand eine Dichteänderung bewirkt und damit zu einer Änderung der Fließspannung des Grundwerkstoffes führt.
Aufbauend auf diesen Erkenntnissen wurde in [5] das Verdichtungsverhalten und die örtliche Vergleichsformänderung des Sintereisens RZ 150 in Abhängigkeit von der relativen Ausgangsdichte der Rohteile sowie dem Matrizenöffnungswinkel und dem Umformgrad beim Voll-Vorwärts-Fließpressen untersucht. Es erwies sich, daß der Werkstoff schon vor Eintritt in den Düsenbereich auf Werte von $\rho_{rel\ 0}$ = 0,95 bis 0,97 verdichtet wird. Die mit Hilfe der Visioplasticity [39 bis 44] berechneten Vergleichsformänderungen ergeben im Vergleich zu einem schmelzmetallurgischen Werkstoff bei gleichen geometrischen Bedingungen wesentlich höhere Werte.

Je geringer die relative Ausgangsdichte, desto größer ist aufgrund der höheren Kompressibilität die örtliche Vergleichsformänderung.

Über das Fehlerabgleichverfahren [39,46] konnte nachgewiesen werden, daß in der Mitte der Düse Zugspannungen auftreten, die eine Entdichtung zur Folge haben und damit den Werkstoff entfestigen.

Zur Berechnung der maximalen Stempelkraft beim Fließpressen poröser Werkstoffe wird in der Literatur ein Ansatz nach dem Verfahren der oberen Schranke angegeben. Dieser gilt jedoch nur für den Fall ebener Formänderungen [33, 34].

Ansätze für rotationssymmetrische Verfahren sind nicht bekannt. Die Gleichungen, die für kompakte Werkstoffe erstellt wurden, können nicht angewandt werden. Sie ergeben Stempelkräfte, die > 30 % über den gemessenen Kräften liegen, da die mittlere Fließspannung k_{fm} bei porösen Werkstoffen wesentlich höher ist als bei einem vergleichbaren schmelzmetallurgischen Werkstoff. Die erforderlichen Kräfte zum Umformen des Sintereisens RZ 150 sind gegenüber denen des konventionellen Vergleichswerkstoffes um max. 12% höher.

Die einfachen analytischen Formeln zur Kraftberechnung beim Voll-Vorwärts- und Napf-Rückwärts-Fließpressen lassen sich in der in [35] angegebenen Form auch nicht anwenden, da die Rohteilhärte eines porösen Werkstoffes kleiner ist als die eines herkömmlichen Rohteils. Damit ergeben sich zu kleine Kräfte.

Die Auswertung des Schrifttums ergab, daß der Kenntnisstand über die geeigneten Legierungselemente für das Kaltfließpressen von Sintermetallen im Hinblick auf die Gebrauchseigenschaften der Werkstücke noch unvollkommen ist.

Ziel der vorliegenden Arbeit war es, den Einfluß der Legierungselemente Nickel, Kohlenstoff und Phosphor in Verbindung mit hochreinen Basispulvern zu untersuchen. Dabei sollte nicht nur berücksichtigt werden, wie sich die Zugfestigkeit erhöht, sondern auch ihre Auswirkungen auf die Zähigkeit und das Verhältnis Zugfestigkeit / Dauerfestigkeit.

Mit den hochkompressiblen Pulvern kann bei geometrisch einfachen Teilen eine relative Dichte von 97 % bis 98 % erreicht werden. Welchen Einfluß die Rohteildichte zwischen 90 % und 98 % auf die Festigkeits- und Zähigkeitskennwerte des fließgepreßten Werkstoffes hat, war unter anderem Gegenstand dieser Untersuchung. Darüber hinaus wurde auch die Verfahrensfolge Verdichten auf $\rho_{rel\ 0} = 0{,}9$ - Sintern - Nachverdichten auf $\rho_{rel\ 0} = 0{,}98$ - Sintern - Umformen untersucht.

Weiterhin war zu prüfen, inwieweit das induktive Kurzzeitsintern eine echte Alternative zum üblichen Ofensintern darstellt. Hierbei hat sich gezeigt, daß der Stickstoff, der über eine entsprechende Schutzgasatmosphäre in den Werkstoff eindringen kann, eine wesentliche Rolle im Werkstoffverhalten nach der Kaltumformung spielt. Damit der Einfluß des Stickstoffes mit Sicherheit eliminiert werden konnte, wurden einige Rohteile im Hochvakuum entgast.

Ein großer Raum bei dieser Untersuchung wurde auch dem Verdichtungsverhalten und der Ausbildung der örtlichen Vergleichsformänderungen sowohl beim Voll-Vorwärts- als auch beim Napf-Rückwärts-Fließpressen zugemessen. Dabei sollte sich zeigen, ob Pulver unterschiedlicher Reinheit und Kompressibilität bei der Umformung sich im Werkstofffluß unterscheiden und dieser eventuell die mechanischen Eigenschaften beeinflußt.
Ausgehend von der Kenntnis des Werkstoffflusses sollte für die

Kraftabschätzung beim Voll-Vorwärts-Fließpressen eine in Nomogrammform ausgearbeitete obere Schranke erstellt werden. Für die Kraftabschätzung beim Napf-Rückwärts-Fließpressen wurde eine analytische Lösung ausgearbeitet.

Rasterelektronenmikroskopische Untersuchungen sollten das makroskopische Bruchverhalten der Werkstoffe verdeutlichen.
Zur Beurteilung des Werkstoffverhaltens von Napfteilen wurde ein Zusammenhang zwischen Härte und örtlicher Vergleichsformänderung beim Voll-Vorwärts- und Napf-Rückwärts-Fließpressen aufgestellt. Dieser erlaubt, über die gemessene Härte die dort bestehenden, mechanischen Eigenschaften abzuschätzen.
Am Schluß der Arbeit wird in gestraffter Form dem Anwender eine Hilfestellung gegeben, mit welchen Legierungen, relativen Rohteildichten, notwendigen Wärmebehandlungen er die für seine Zwecke optimalen Werkstoffeigenschaften erhalten kann.

3 Experimentelle Untersuchungen beim Voll-Vorwärts- und Napf-Rückwärts-Fließpressen

3.1 Versuchsplan und Durchführung

3.1.1 Versuchsmatrix

In Tabelle T 1 ist das Untersuchungsprogramm für das Voll-Vorwärts-Fließpressen dargestellt. Aus ihr wird ersichtlich, wie die einzelnen Parameter Werkstoff, relative Rohteildichte $\rho_{rel\ 0}$, Umformgrad φ, Matrizenöffnungswinkel 2 α, Sinterbedingungen, Gegendruck p_G und Wärmebehandlungen in möglichst aussagekräftiger aber dennoch überschaubarer Form variiert wurden. Einzelne Parameter konnten daher, um die Untersuchung nicht zu sehr auszuweiten, nur in ihren Trends untersucht werden. Insbesondere betraf dies die Rohteile, zu deren Herstellung oder Auswertung die Mitarbeit oder die Betriebsmittel anderer Institute notwendig waren.

Tabelle T 1: Versuchsmatrix der Untersuchungen beim Voll-Vorwärts-Fließpressen.

Umformgrad φ	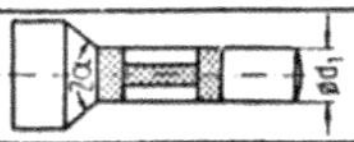 $\varphi = \ln \frac{d_0}{d_1}$					
0,8	ρ_{rel0} = 2α = 	0,9 90° S_k . W . O	0,9 90° S_k . W . O	0,9 90° S_k . W , O		
1,0	ρ_{rel0} = 2α = 	0,9 90° S_k . W . O	0,9 90° S_k . W . O	0,9 90° S_k . W . O		
1,2	ρ_{rel0} = 2α = 	0,9 90° S_k . W . O	0,9 90° S_k . W . O	0,9 90° S_k . W , O		
1,4	ρ_{rel0} = 2α = 	0,9 0,98 30° 150° $S_{k,I,v}$ W . O	0,9 0,98 30° 150° $S_{k,v}$ W , O	0,9 0,98 30° 150° S_k . W , O	0,9 30° 150° S_k . G , O	 90° O .
Werkstoff:		ASC100.29	+2%Ni + 0,15%C	+4%Ni	WPL200 + 0,35%P	Maß

S ≙ Sinterbedingung (k für Ofen, I für induktiv, v für Vakuum)

W ≙ Wärmebehandlungen

O ≙ verschiedene Oberflächenbehandlungen

G ≙ mit Gegendruck

Das Untersuchungsprogramm für das Napf-Rückwärts-Fließpressen zeigt Tabelle T 2. Hier wurde überprüft, bei welchen relativen Querschnittsänderungen oder Rohteildichten die Werkstoffe zu Ausfällen führen.

Tabelle T 2: Versuchsmatrix der Untersuchungen beim Napf-Rückwärts-Fließpressen.

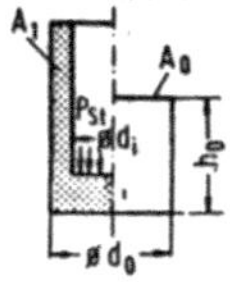

$\varepsilon_A = \frac{d_i^2}{d_0^2}$, alle Teile konv. gesintert

Schmierung :
$\varepsilon_A = 0{,}5$ u. $0{,}75$ Zinkphosphat + Gleitlack
$\varepsilon_A = 0{,}25$ u. $0{,}38$ nur Gleitlack

ε_A						
0,25	ρ_{rel0} =	0,9	0,9	0,9		
	h_0/d_0 =	1,64	1,64	1,64		
0,36	ρ_{rel0} =	0,9	0,9	0,9		
	h_0/d_0 =	1,64	1,64	1,64		
0,50	ρ_{rel0} =	0,9	0,9	0,9	0,9	
	h_0/d_0 =	1,64	1,64	1,64	1,64	
0,73	ρ_{rel0} =	0,9 ; 0,98	0,9 ; 0,98	0,9 ; 0,98	0,9 ; 0,98	0,9
	h_0/d_0 =	1,0 1,64	1,64	1,0 1,64	1,64	1,0
Werkstoff		ASC100.29	+2%Ni+0,15%C	+4%Ni	WPL200+0,35%P	Maß

3.1.2 Werkstoffe

Eine der möglichen Ursachen für die schlechten Zähigkeitskennwerte des kaltumgeformten Werkstoffs RZ 150 ist der hohe Sauerstoffgehalt des Pulvers von ≈ 6500 ppm [5]. Im Vergleich zu einem schmelzmetallurgischen Werkstoff hat RZ 150 zudem auch einen großen Anteil an Verunreinigungen wie Silizium, Mangan und Schwefel.

Mit dem wasserverdüsten Pulver ASC 100.29 (Höganäs) steht heute ein Pulver zur Verfügung, dessen Sauerstoffgehalt < 1000 ppm beträgt. Der Kohlenstoffgehalt und die Verunreinigungen liegen etwa bei 1/5 des oben genannten Pulvers RZ 150 (Tabelle T 3). Die neueren Pulver vereinigen in sich eine gute Optimierung der wesentlichen Eigenschaftsmerkmale: Fülldichte - Verdichtbarkeit - Grünfestigkeit.

Fülldichte und Grünfestigkeit sind in ihrem Verhalten gegenläufige Eigenschaftsmerkmale.

Tabelle T 3: Chemische Analyse der Versuchswerkstoffe.

Werkstoff:	Chemische Analyse %							
	C	Si	Mn	Ni	P	S	O_2	Fe
ASC 100.29	0,01	0,02	0,05	-	0,01	0,01	0,1	Rest
+2*%Ni+0,15*%C	0,11	0,02	0,05 - 0,1	2,25	0,01	0,01	0,1	Rest
+4*%Ni	0,01	0,02	0,05 - 0,1	3,95	0,01	0,01	0,1	Rest
WPL 200+0,35*%P	0,02	0,05	0,20	-	0,34	0,015	0,16	Rest
RZ 150	0,08	0,10	0,25	-	0,035	0,025	0,65	Rest

* nach dem Sintern

Bei einer geringen Fülldichte benötigt man längere Stempelwege beim Pressen und bewirkt damit eine starke Verklammerung der Pulverteilchen. Die Verdichtbarkeit hängt in erster Linie von der chemischen Reinheit ab. Wenn eine anschließende Kaltumformung erfolgt, ist die Maßhaltigkeit beim Sintern nicht so bedeutend, da die Restporosität ohnehin fast verschwindet.

Das Preßbarkeitsschaubild T 1 zeigt die hohe Kompressibilität des Pulvers ASC 100.29. Die Grünfestigkeit beträgt dennoch nach dem ASTM Standard 312-64 bei $\rho_{rel\ 0}$ = 0,85 23 N/mm². Diesem Basispulver wurden zur Steigerung der Festigkeit in der ersten Variante 2 % Nickel und 0,15 % Kohlenstoff zugemischt, wobei der Kohlenstoff bei der Sinterung zusätzlich reduzierend wirken soll. Die zweite Variante bestand aus dem Basispulver mit 4 % Nickel.

Als weiteres Pulver wurde WPL 200 von DEMAG-MEER, Mönchengladbach in die Untersuchung mit einbezogen. Dieses Pulver hat nicht die hohe Reinheit des ASC 100.29, ist dafür aber auch preisgünstiger. Aus der chemischen Analyse (Tabelle T 3) geht hervor, daß der Sauerstoff-Silizium- und Mangangehalt mehr als doppelt so hoch wie beim ASC 100.29 ist.

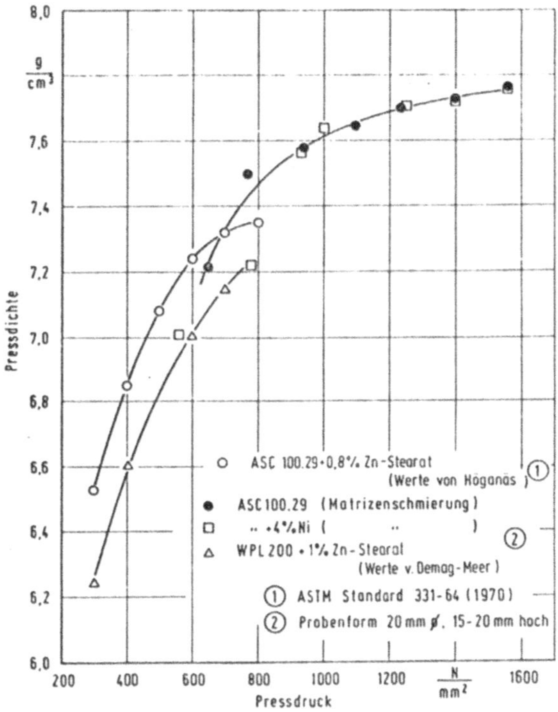

Bild T 1: Abhängigkeit der Rohteildichte vom Preßdruck.

Die Daten über Teilchengrößenverteilung, Fülldichte und Fließzeit der beiden Basispulver sind in Tabelle T 4 aufgeführt.

Tabelle T 4: Siebanalyse, Fülldichte und Fließverhalten der Basispulver.

Werkstoff	Teilchengrößenverteilung μm in %				Fülldichte	Fließverhalten
	200 - 160	160 - 100	100 - 63	- 63	(g/cm³)	(sec/50g)
ASC100.29	6,6	38,6	27,4	26,6	2,95 ± 0,1	< 30
WPL 200	5 - 15	25 - 45	25 - 40	15 - 30	2,60 ± 0,1	< 33

In der Pulvermetallurgie ist Phosphor, da hier keine Kristallseigerungen auftreten, eine interessante Legierungskomponente. Die theoretischen Grundlagen auf diesem Gebiet sind bereits vor mehreren Jahrzehnten erarbeitet worden. Bild T 2 zeigt die Abhängigkeit der Zugfestigkeit vom Phosphorgehalt bei einem herkömmlich hergestellten Sinterteil unter Einsatz von Ferrophosphor zu Schwammeisenpulver [47]. Die Herstellungsvariante für das in der vorliegenden Arbeit mit einbezogene Pulver besteht darin, den Phosphor dem Eisenpulver über ein phosphorlegiertes, wasserverdüstes Stahlpulver zuzuführen. Als Mischungskomponente wird ein Pulver verwendet, das einen Phosphorgehalt von 0,7 % aufweist. Dieses Pulver wurde dann mit reinem Eisenpulver auf einen Phosphorgehalt von 0,34 % verdünnt.

Phosphor schnürt das γ-Gebiet [48] ab. Da in der α-Phase die Volumendiffusion um das 100- bis 3oofache schneller verläuft als in der γ-Phase, kann man sich dadurch, wie zahlreiche Untersuchungen gezeigt haben, einen deutlichen Festigkeitszuwachs [47] versprechen.

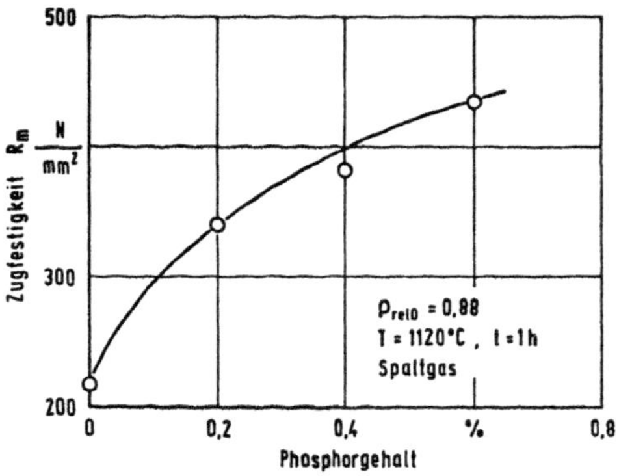

Bild T 2: Zugfestigkeit P-leg. Sinterstähle [51].

3.1.3 Rohteilfertigung

3.1.3.1 Pulverpressen und Nachverdichten

Die Sinterrohteile wurden, wie in der Praxis allgemein üblich, in einem Werkzeug mit schwimmender Matrize verdichtet. Der Gesamtaufbau des Werkzeuges ist aus Bild T 3 ersichtlich.

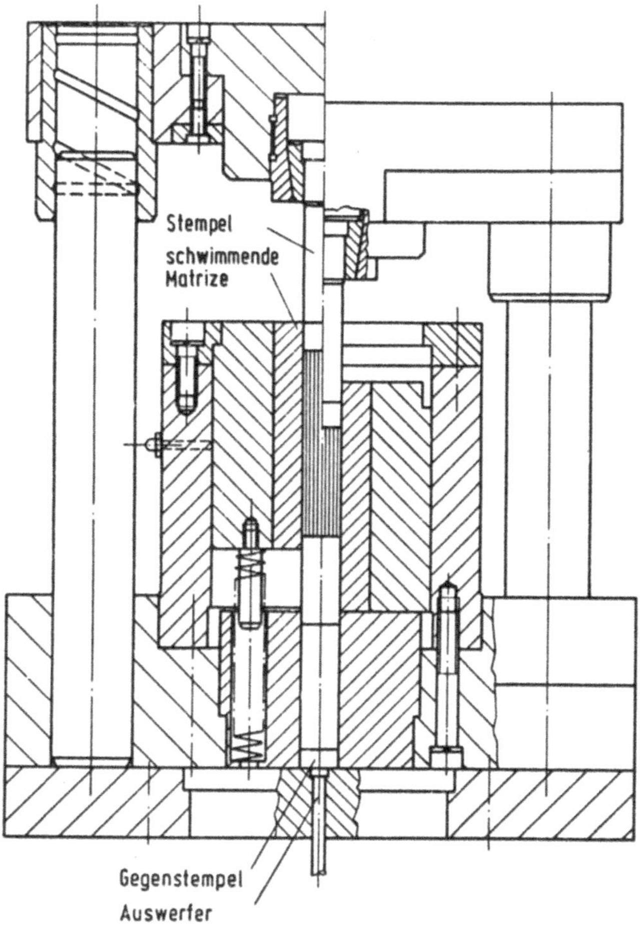

Bild T 3: Werkzeug für das Pressen der Grünlinge.

Dem Pulver wurden keine preßerleichternden Zusätze beigemischt, da das Problem des Ausbrennens dieser Zusätze beim induktiven Sintern bewußt ausgeklammert wurde. Zur Herstellung der Rohteile mit einer relativen Dichte von 0,9 reichte es aus, die Matrize mit Sprüh-Teflon zu schmieren. Bei den Teilen mit $\rho_{rel\ 0} > 0{,}94$ dehnte sich die Matrize so weit auf, daß die beim Auswerfen auftretende hohe Wandreibung zu Rissen im Grünling führte. Durch Schmieren der Matrize mit Gleitlack 321 R (Hersteller Dow Corning GmbH, München) konnte das Auftreten dieser Risse verhindert werden. Das Pulver wurde auf einer Digitalwaage der Firma Sartorius Typ 1204 MP auf ± 0,02 Gramm abgewogen. Die Genauigkeit der Wägung beträgt in dem Bereich von 50 bis 100 g ± 0,1 % des angezeigten Wertes.

Das Verdichtungswerkzeug war in eine ölhydraulische, doppeltwirkende Presse mit einer Nennkraft von 2 MN (Fabrikat Müller, Modell 160/200-10) eingebaut. Durch Verändern der Anschläge zwischen Tisch und Stößel konnte für jedes Rohteil die Höhe auf ± 0,1 mm eingestellt werden.

Da der aufgebrachte äußere Druck sich nicht nach hydrostatischen Gesetzmäßigkeiten im Pulver ausbreitet [5, 49, 50], treten in den Rohteilen je nach dem Verhältnis h_o/d_o Dichteunterschiede bis ± 2 % auf.
Es wurde ein Preßbarkeitsschaubild bis zu einem Preßdruck von 1600 N/mm^2 erstellt, um beurteilen zu können, wie sich die Werkstoffe ohne preßerleichternde Zusätze bei einem Verhältnis h_o/d_o je nach Dichte von 1,83 bis 1,67 verhalten (Bild T 1). Die Grünlinge hatten eine Dichte bis zu 7,7 g/cm^3.

Bei der Gleitlackschmierung zeigten sich keine sichtbaren äußeren Risse. Da aber die Werkstoffkennwerte teilweise nicht den theoretisch zu erwartenden Werten entsprachen (siehe Abschnitt 3.2.3 und 3.2.4), wurde eine zweite Serie von Proben hergestellt, die alle an der Staatlichen Material- und Prüfungsanstalt Stuttgart röntgenographisch auf Risse untersucht wurden.

Die Auswertung ergab, daß sich das unlegierte Eisenpulver ASC 100.29 großenteils fehlerfrei auf eine Restporosität von 2 % verpressen läßt. Der Werkstoff mit 2 % Ni und 0,15 % C

ließ sich in keinem Fall und der mit 4 % Ni nur in sehr wenigen Fällen ohne Mikrorisse über $\rho_{rel\ 0}$ = 0,95 verdichten (Bild B 1). Zur Aufnahme der Werkstoffkennwerte wurden nur solche Teile verwendet, die absolut fehlerfrei waren.
Das Voll-Vorwärts-Fließpressen läßt sich nicht als sicheres Ausleseverfahren für rißbehaftete Teile verwenden. Manche Teile hatten am Schaft Risse über den Umfang, wie im Bild B 2 zu sehen ist; andere zeigten sich optisch einwandfrei. Die Risse sind teilweise so fein, daß sie selbst bei der Herstellung der Zugproben (Drehen und Schleifen) nicht bemerkt wurden. Sie konnten nur rasterelektronenmikroskopisch (siehe Kapitel 6) nachgewiesen werden.

Nachverdichten

Der Bereich stark verbesserter Kerbschlagzähigkeit beginnt bei $\rho_{rel\ 0}$ > 0,97. Da aber keiner der Werkstoffe mit Sicherheit mikrorißfrei auf diese hohen Dichten verpreßt werden kann, wurde ein zweiter Weg beschritten, diese hohen Ausgangsdichten zu erhalten.
Ausgegangen wurde von konventionell gesinterten Rohteilen mit $\rho_{rel\ 0}$ = 0,9. Diese Teile wurden anschließend in einem Werkzeug zum kombinierten Napf-Fließpressen (Siehe Abschnitt 3.1.4.1), in das zwei ebene, den Matrizendurchmesser ausfüllende Stempel eingebaut waren, nachverdichtet. In diesem Werkzeug können die Stempelkräfte mittels einer in der Stempelaufnahme eingebauten Kraftmeßdose sehr genau aufgenommen werden. Als beste Schmierung beim Nachverdichten erwies sich das Einsprühen der Rohteile mit Gleitlack.

Bei einer bezogenen Stempelkraft von 1250 N/mm² ergab sich eine relative Rohteildichte von 97,5 % und bei 1550 N/mm² etwa 98,5 %. Höhere Drücke erbringen keine wesentlichen Verbesserungen mehr. Die erzielbaren Dichten variieren etwas in Abhängigkeit vom Werkstoff. Mit dem unlegierten Pulver können Dichten von nahezu 99 % erreicht werden, während die Ni-legierten Pulver ab 97 % Mikrorisse aufweisen. Bestimmt wurden die Dichten durch Ausmessen der Teile mittels Mikrometer und Wiegen auf einer Sartorius Laborwaage, Typ 2 002 MP 1 mit einer max. Linearitätsabweichung von ± 0,1 mg. Eine Fehlerabschätzung der errechneten Werte wurde nicht durchgeführt, da hierzu die apparativen Einrichtungen nicht vorhanden waren [51].

Der gesamte Aufwand, der für diese Variante der Rohteilherstellung notwendig ist, entspricht in etwa dem der Zweifachsintertechnik. Beim zweiten Sintervorgang bietet sich eine induktive Erwärmung an, da weder Zinkstearat noch sonstige Zusätze ausgebrannt werden müssen.

3.1.3.2 Sintern

Sintern im Ofen

Nach dem Verdichten müssen die Grünlinge einer Wärmebehandlung unterzogen werden, d. h. sie werden in einem Sinterofen auf eine Temperatur erhitzt, die unterhalb des Schmelzpunktes des Gerüstkörpers liegt. Dabei bilden sich infolge von Diffusionsvorgängen zwischen den aneinander gerückten Partikeln Sinterbrücken. Dieser Gefügeaufbau kennzeichnet, bedingt durch Reaktionen im festen Zustand, die Eigenschaften der so entstandenen Sinterwerkstoffe.

Die Wärmebehandlung erfolgt zur Vermeidung von Oxydationen unter Schutzgasatmosphäre. Bei einer zunächst niedrigen Temperatur von ≈ 600 °C werden üblicherweise die preßerleichternden Zusätze ausgebrannt. Nach einer längeren Aufheizzeit schließt sich die eigentliche Sinterzeit an. Danach wird langsam im Ofen auf Raumtemperatur abgekühlt [52 bis 53].
Das Sintern im Ofen für die in dieser Untersuchung benötigten Rohteile führte die Firma Sintermetallwerk Krebsöge, Krebsöge durch. Die Teile durchliefen, obwohl sie keine Gleitmittelzusätze hatten, die gesamte Ofenanlage mit Stearatabbrennteil. Gesintert wurde bei 1280 °C in Mischgas, das aus 70 % Stickstoff und 30 % Spaltgas bestand. Das Spaltgas entsteht aus dissoziiertem Ammoniak, der in 75 % Wasserstoff und 25 % Stickstoff zerfällt. Die Teile befanden sich in dem Hubbal-

kenofen (Fabrikat: Cremer) etwa 7 bis 8 Stunden. Die eigentliche Sinterzeit beträgt ≈ 1 Stunde. Die Teile, die nachverdichtet wurden und bei denen auch die zweite Sinterung im Ofen stattfand, durchliefen zweimal den gleichen Prozeß.

Induktives Sintern

In der industriellen Praxis hat sich die induktive Erwärmung beim Schmieden, Härten oder Schmelzen schon lange bewährt. Mit diesem Verfahren können sehr hohe Aufheizgeschwindigkeiten erreicht werden [54].

Durch die direkte Ankoppelung nehmen nur die Formteile die gewünschte Temperatur an, während die Umgebung lediglich durch Konvektion erwärmt wird. Das erlaubt nach einer kurzen Aufheizphase sehr hohe Sintertemperaturen. Allerdings ist das Problem des Ausbrennens der Gleitmittel nicht berücksichtigt.

Wirtschaftlich gesehen bedeutet das induktive Sintern keine Aufheiz- und Leerlaufzeiten wie bei herkömmlichen Sinteröfen. Der Induktor ist sofort einsatzbereit. Weitere Vorteile ergeben sich aus den geringen Abmessungen dieser Anlagen und ihrer hohen Flexibilität bezüglich Standort und Optimierung auf verschiedene Teilespektren.

Beim induktiven Sintern erzeugt bekanntlich eine von einem Wechselstrom durchflossene Spule ein elektromagnetisches Feld. Dieses induziert in einem eingebrachten Werkstück Ströme der gleichen Frequenz, die zur Erwärmung führen. Das System Spule - Werkstück kann in vereinfachter Form als Transformator betrachtet werden, bei dem der Induktor die primäre Wicklung und das Werkstück die kurzgeschlossene sekundäre Wicklung darstellt [30, 31].

Der induzierte Strom verteilt sich im Werkstück nicht gleichmäßig über die Probe. Die Stromdichte fällt von der Oberfläche zum Werkstückinnern fast exponentiell ab (Skineffekt). Als Eindringtiefe δ oder äquivalente Leitschichtdicke wird die Tiefe bezeichnet, bei der die Stromdichte auf $1/e = 0{,}368$ des

Randwertes abgesunken ist. Dabei ist e die Basis des natürlichen Logarithmus. Es gilt

$$\delta = 5{,}03 \quad 10^{-4} \sqrt{\frac{\rho}{\mu_r \quad f}},$$

wobei ρ (Ω m) der spezifische elektrische Widerstand des Werkstückes, μ_r die relative magnetische Permeabilität und f (Hz) die Frequenz ist. Die Energieaufnahme über dem Werkstückdurchmesser entspricht der Intensität der Stromdichte.

Über 86 % der gesamten vom Werkstück aufgenommenen Energie werden von dem durch die Eindringtiefe begrenzten Volumen aufgenommen, so daß die Temperatur von außen nach innen wandern muß. Dies bedeutet, daß auch bei einem an die Geometrie des Werkstücks optimal angepaßten Induktor ein deutlicher Temperaturgradient über dem Werkstück auftritt. Der Wirkungsgrad der Anordnung "Arbeitsspule - Werkstück" ist abhängig vom Abstand zwischen Spule und Werkstück, dem Radius der Spule und vom Verhältnis Rohteildurchmesser/ Eindringtiefe. Rotationssymmetrische Teile haben die beste Form [30]. In Bild T 4 ist die örtliche Wärmeverteilung einer induktiv erwärmten Probe beim Aufheizen und Abkühlen aufgezeigt.
Die Temperaturmessung für die Induktionsanlage erfolgte über einen Infratherm-Meßumformer der Firma Gulton Typ IS2. Das Pyrometer hat einen Meßbereich von 550 °C bis 1600 °C. Bei richtig eingestelltem Emissionsfaktor beträgt der Fehler des Pyrometerausgangssignals $\pm$ 1,5 % vom Meßbereichsumfang. Das Anzeigengerät vom Typ West MC 40 hat nochmals eine Anzeigenungenauigkeit von $\pm$ 1 %. Die Temperatur wurde in der Mitte der oberen Stirnfläche der Probe gemessen. Eine Messung durch die Spulenwindungen hindurch auf die seitliche Probenoberfläche scheiterte. Bei den hohen Sintertemperaturen bis 1350 °C dampfte Metall von der Probe auf den Quarzglaszylinder im Bereich der Spule. Dies hätte zunehmend die zu messende Intensität der Infrarotstrahlung der Probe verfälscht.
Technische Spulen haben aufgrund ihrer endlichen Länge ein inhomogenes Magnetfeld. Die Proben müssen daher vor dem Aufheizen abgestützt werden, damit sie infolge der magnetischen Kräfte

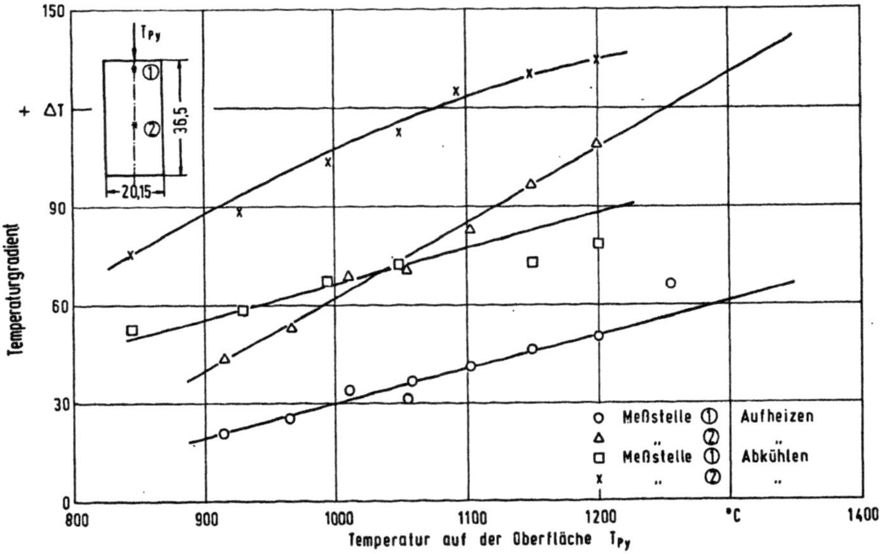

Bild T 4: Temperaturgradienten in einem induktiv erwärmten Rohteil.

nicht umkippen. Des weiteren muß diesen magnetischen Kräften nur dann Beachtung geschenkt werden, wenn eine flüssige Phase beim Sintern auftritt [55].

Die verwendete Induktionsanlage (Fabrikat HWG) (Bild T 5) ist für einen Durchmesserbereich der Rohteile von 20 bis 35 mm ausgelegt. Die Frequenz wurde nach einer Diskussion mit dem Institut für Werkstoffkunde II der Universität Karlsruhe zu 4 kHz gewählt. Die Anlage, ausgestattet mit einem statischen Umformer, leistet 35 KW.

Gesintert wurde in folgenden Arbeitsschritten:
Einlegen des Rohteils - Evakuieren des Rezipienten - Spülen mit reinem Stickstoff - Evakuieren - Spülen mit reinem Wasserstoff - Evakuieren - Spülen mit reinem Wasserstoff - Sintern in stehendem Wasserstoff - Abkühlen bis 500 °C - Evakuieren - Spülen mit Stickstoff - Teil nach der Abkühlung unter 200 °C entnehmen.

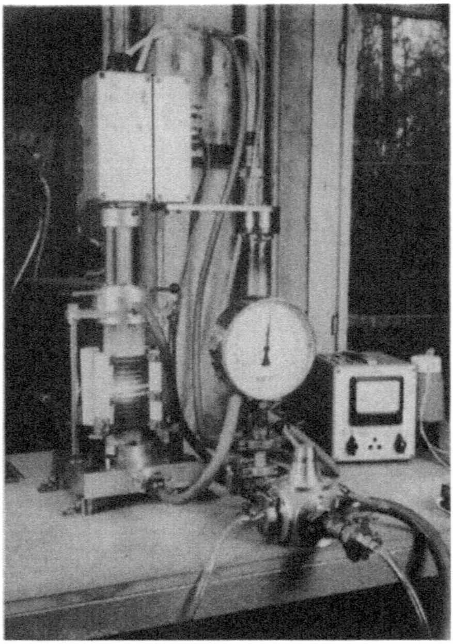

Bild T 5: Induktive Sinteranlage.

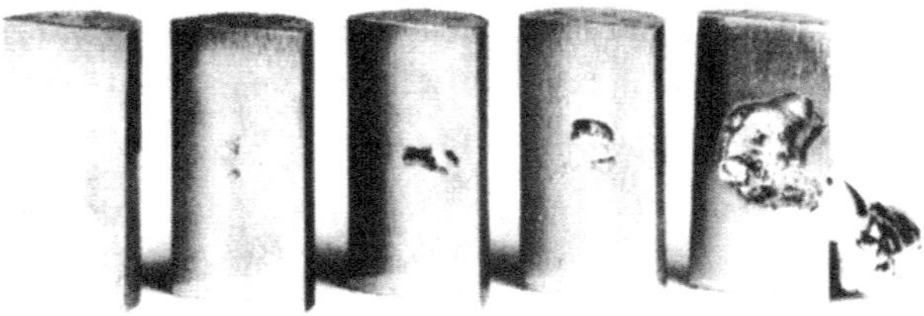

Bild T 6: Anschmelzungen bei induktiv gesinterten Rohteilen.
Temperatur an der Stirnfläche 1350 °C.

Zum Vergleich wurde eine Serie von Grünlingen am Institut für Werkstoffkunde II gesintert. Die in Karlsruhe installierte Anlage ist etwa mit der hier verwendeten Anlage vergleichbar. Variiert wurden beim induktiven Sintern die Parameter: Aufheizgeschwindigkeit, Haltezeit, Sintertemperatur und Zustand der Rohteile (ungesintert und gesintert).

Dabei zeigte sich, daß es aufgrund des großen Temperaturgradienten zwischen Probenmitte und Stirnfläche bei Sintertemperaturen von 1350 °C zu teils von außen sichtbaren und unsichtbaren Anschmelzungen in der Probenmitte kam (Bild T 6). Bei allen Teilen lag der Schmelzbeginn in der Probenmitte, nie an der Probenoberfläche, wo er aufgrund des Skineffekts zu erwarten gewesen wäre. Ursache dafür sind zwei sich überlagernde Einflüsse. Bei der Auslegung der Spule stand im Vordergrund, daß ein möglichst großer Durchmesserbereich über den Curiepunkt hinweg erwärmt werden kann. Dabei mußten aber im Hinblick auf einen guten elektrischen Wirkungsgrad der Anlage Abstriche gemacht werden. Da die Teile mit 20 mm Durchmesser im untersten Bereich lagen, war der Kopplungsabstand zwischen Spule und Werkstück für eine optimale, gleichmäßige Erwärmung zu groß. Verstärkt wird dieser Einfluß auf den radialen Temperaturgradienten durch die Wärmeabfuhr von der Oberfläche an das Schutzgas.

Da die Thermoelemente für die örtlichen Temperaturmessungen nur bis zu einem Arbeitsbereich von 1100 °C zugelassen waren, können die Meßwerte in Bild T 4 für 1150 °C und 1200 °C nicht als gesichert angesehen werden. Des weiteren wurde die Kurve für den Zweck einer groben Abschätzung bis 1350 °C extrapoliert. Es ist also durchaus möglich, daß die wirkliche Temperaturdifferenz zwischen Pyrometermeßstelle und Probenmitte über 150 °C betrug. Unter Berücksichtigung der Meßfehler von Pyrometer und Anzeigengerät ergibt sich für die Probenmitte bei einer eingestellten Temperatur von 1350 °C über 1536 °C (entspricht der Schmelztemperatur von Reineisen).

Sintern im Vakuum

Bei den Gasanalysen wurden in den gesinterten Rohteilen große Mengen an gelöstem Stickstoff festgestellt. In der Kaltmassivumformung ist bekannt, daß Stickstoff einen erheblichen Einfluß auf die Alterung von Stählen hat [56]. Um dessen Auswirkungen auf die Sinterstähle zu untersuchen, wurde folgende Vorgehensweise ausgewählt.

Eine Charge bereits gesinterter stickstoffhaltiger Rohteile aus ASC 100.29wurde entgast. Bei den notwendigen Entgasungszeiten konnte, da die Rohteile porös waren, auf keine Erfahrungswerte aus dem Schrifttum zurückgegriffen werden. Es wurde davon ausgegangen, daß der Werkstoff etwa 1 h auf Sintertemperatur erwärmt war, und daß dieser Zeitraum ausreichen müßte, den Stickstoff wieder bei der gleichen Temperatur herausdiffundieren zu lassen. Berücksichtigt werden muß im Vergleich zu den normalen Teilen, daß sich der Werkstoff effektiv die doppelte Zeit auf Sintertemperatur befand.

In der zweiten Charge wurden Grünlinge aus dem Pulver ASC 100.29 + 2 % Ni + 0,15 % C im Vakuum gesintert. Dieser Werkstoff hat den Vorteil, daß für die notwendige Reduktion infolge fehlenden Wasserstoffs Kohlenstoff in Graphitform angeboten werden kann. Eine anschließend durchgeführte Argon-Heißextraktion bestätigte einen geringen Sauerstoffgehalt (Tabelle T 5).

Beide Erwärmungen fanden in einem Vakuum-Widerstands-Laborofen (Fabrikat Leibold-Heraeus, Typ 100/100 W) statt. Die Aufheizzeit betrug etwa 20 min; gesintert wurde 1 h bei 1250 °C. Die Abkühlungszeit auf + 300 °C betrug 1 h. Der Ofen erbrachte ein Vakuum von $1{,}3 \cdot 10^{-4}$ mbar. Durchgeführt wurden die Versuche beim Max-Planck-Institut für Metallkunde in Stuttgart.

3.1.3.3 Oberflächenbehandlung

Grundvoraussetzung für die Kaltmassivumformung ist ein druckbeständiger Schmierstoff, der ein gutes Haftvermögen auf der Werkstückoberfläche hat und somit auch bei sehr großen Oberflächenvergrößerungen (z. B. Napf-Fließpressen) Kaltverschweissungen zwischen Werkzeug und Werkstück verhindert.

Tabelle T 5: Gasanalyse der Werkstoffe ASC 100.29 und ASC 100.29 + 2% Ni + 0,15% C.

Werkstoff	Wärmebehandlung	O_2 [ppm]	H_2 [ppm]	N_2 [ppm]
ASC 100.29	konv. gesintert	400	4	200
	konv. gesintert zusätzlich im Vakuum geglüht	500	1,5	15
	Pulver	600	2	22
	induktiv in H_2 bei 1350° C gesintert	230	1,5	50
ASC 100.29 + 2% Ni + 0,15% C	konv. gesintert	100	2	300
	im Vakuum gesintert	230	3,8	8

In der Serienfertigung wird als Gleitmittelträger häufig eine Phosphatschicht aufgebracht. Hierzu durchlaufen die Teile verschiedene, teils chemisch agressive Bäder. Bei Sinterwerkstoffen, die noch offene Poren haben, d. h. $\rho_{rel\ 0} < 0,9$, ist dieses Verfahren nicht anwendbar. In Sinterteilen, die außer dem Beizbad die gesamte Anlage durchliefen, konnte noch nach 24 h, trotz 1 h Verweilzeit in einem Trockenofen bei 200 °C, Feuchtigkeit in der Probe mittels einer Laborwaage (s. Abschnitt 3.1.3.1) nachgewiesen werden.

Ein relativ teures, aber für den Laborbetrieb gut geeignetes Verfahren ist das Aufbringen von Gleitlack. Auf eine Trägerschicht kann in diesem Fall verzichtet werden. Die besten Ergebnisse erbrachte der Gleitlack 321 R (Hersteller: Dow Corning GmbH, München). Bei Molydag 727 (Hersteller: Acheson GmbH, Ulm) traten für hohe Werkstoffestigkeit und große Umformgrade Stick-Slip-Effekte auf.

Da die Kaltmassivumformung nur bei Mittel- und Großserien wirtschaftlich ist, mußte ein Verfahren zum Aufbringen des Schmierstoffes gefunden werden, das in den Preßwerken möglichst billig ohne große zusätzliche Investitionen angewendet werden kann.

Sandstrahlen beseitigt durch plastisches Umformen der Oberfläche die offene Porosität des Sinterrohteils und erzeugt zudem eine chemisch sehr aktive Metalloberfläche für das Phosphatierbad, so daß auf Reinigen und Beizen vor dem Phosphatieren verzichtet werden kann.

Zur Überprüfung der Dicke der Phosphatschicht von sandgestrahlten Sinterteilen wurden Versuche durchgeführt. Das Gewicht der gesinterten Rohteile wurde nach dem Sandstrahlen auf einer Laborwaage auf ± 0,1 mg bestimmt. Anschließend durchliefen die Teile das Phosphatierbad und wurden wieder gewogen. Die Gewichtsdifferenz bezogen auf die Probenoberfläche ergab ein Maß für die Dicke der Phosphatschicht. Zum Vergleich wurde eine Versuchsreihe mit dem inkompressiblen Werkstoff Q St 32-3 durchgeführt. Tabelle B 1 zeigt, daß beide Werkstoffe nahezu die gleiche bezogene Gewichtszunahme hatten, während ein nicht gesandstrahltes Sinterteil, das die gesamte Anlage durchlief, über die vierfache Menge aufnahm. Beim Q St 32-3 verringerte sich infolge des Beizbades das Gesamtgewicht.

Als Alternative zum Sandstrahlen wurde noch überprüft, ob es auch ausreicht, die Probenoberfläche durch Reinigen mit Trichloräthylen ausreichend chemisch aktiv für das Phosphatierbad zu machen. Die bezogene Gewichtszunahme beim Q St 32-3 betrug nur 60 bis 70 % gegenüber einer sandgestrahlten Probe. Beim ASC 100,29 war sie höher, konnte aber, bedingt durch die offene Porosität, nicht als Maß verwendet werden.

Die Mehrzahl der Teile wurde nach dem Phosphatieren anschliessend in einem weiteren Bad mit der Metallseife Bonderlube 234 von der Metallgesellschaft Frankfurt beschichtet. Um die Qualität der Schmierstoffkombination Phosphatschicht und Metallseife zu testen, wurden Parallelversuche mit der Kombination: Phosphatschicht und Gleitlack und ausschließlich Gleitlack durchgeführt (s. Abschnitt 3.2.1 und 3.2.2).

3.1.4 Versuchseinrichtung

3.1.4.1 Werkzeuge, Meßeinrichtungen

Voll-Vorwärts-Fließpressen

Die Versuchsparameter Umformgrad φ und Matrizenöffnungswinkel 2 α erzwangen, das Werkzeug sehr variabel zu gestalten. Der Schaftdurchmesser betrug stets 10 mm, so daß nur der Ausgangsdurchmesser verändert wurde. Der Matrizenöffnungswinkel wurde durch Austauschen der Düseneinsätze der quergeteilten Matrize variiert. Für einige ausgewählte Parameter standen auch einteilige Matrizen zur Verfügung. In Bild T 7 ist der Werkzeugaufbau mit eingebauten Gegendruckeinrichtungen abgebildet. Der maximale statische Gegendruck beträgt 20 kN. Zur Bestimmung der Umformkräfte war im Stempelaufnehmer im Kraftfluß eine Kraftmeßdose eingebaut.

Napf-Rückwärts-Fließpressen

Die Versuche wurden in einem herkömmlichen Fließpreßwerkzeug mit fest im Grundgestell eingebauter Matrize durchgeführt (Bild T 8). Die Fließpreßstempel hatten einen Kegelwinkel von 166°, einen Fließbund von 2,5 mm und einen Fließbundradius von 0,2 mm. Der Preßbüchsendurchmesser betrug 20 mm. Die drei eingebauten Kraftmeßdosen erlaubten, sowohl die obere und untere Stempelkraft als auch die auf die Preßbüchse wirkende Reibkraft zu messen.

Meßeinrichtungen

Sämtliche Kraftmeßdosen waren vor dem Einbau in die Werkzeuge auf einer Werkstoffprüfmaschine kalibriert worden. Die Eichkurven zeigten eine maximale Nichtlinearität von ± 1,5 %. Die Wegmessungen erfolgten bei beiden Verfahren über induktive Weggeber (Fabrikat Hottinger, Typ W 50). Für die Meßwertaufbereitung standen Trägerfrequenzmeßverstärker (Fabrikat Hottinger, Typ KWS/3-2) zur Verfügung.

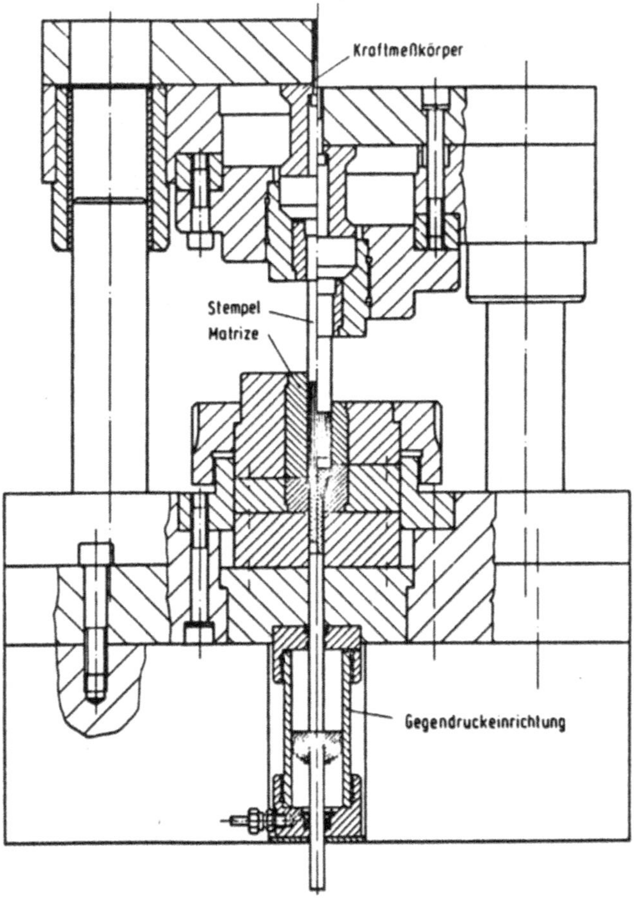

Bild T 7: Werkzeug für das Voll-Vorwärts-Fließpressen.

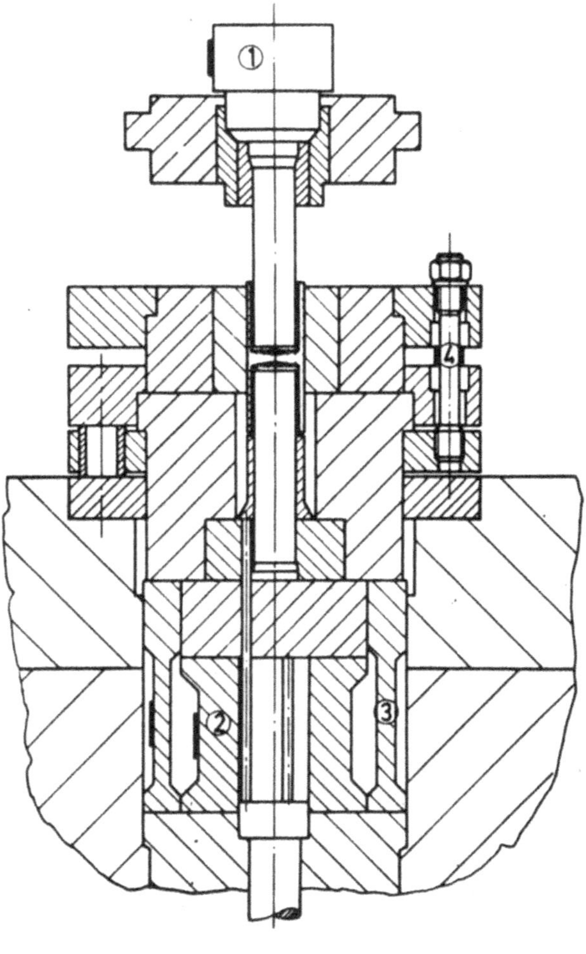

Kraftmeßglieder für 1 - Kraft am oberen Stempel,
2 - Kraft am unteren Stempel,
3 - Reibkraft in der Preßbüchse,
4 - Reibkraft, Ausstoßkraft.

Bild T 8 : Werkzeug für das Napf-Fließpressen.

Beim Voll-Vorwärts-Fließpressen wurde, bedingt durch die wesentlich höheren Umformgeschwindigkeiten, als Registriergerät ein Visicorder (Fabrikat Honeywell Typ 4 Kanal 1706) verwendet. Beim Napf-Rückwärts-Fließpressen wurde, wenn nur die Stempelkraft von Interesse war, diese mit einem x-y-Schreiber (Fabrikat Hewlett Packard, Typ 700 4 A) aufgezeichnet, wenn zusätzlich die Reibkräfte und Auswerferkraft benötigt wurden, diente ein Visicorder als Registriergerät.

3.1.4.2 Umformmaschinen

Für das Voll-Vorwärts-Fließpressen stand eine Einpunkt-Zweiständer-Kurbelpresse (Fabrikat Schuler Modell F 315/0,4) mit einer Nennkraft von 3150 kN zur Verfügung. Es wurde mit folgenden Hubzahlen umgeformt 2 min^{-1}, 11 min^{-1} und 22 min^{-1}. Dies entspricht einer Stempelauftreffgeschwindigkeit auf das Rohteil von 200 mm/s, 120 mm/s und 250 mm/s.

Die Versuche für das Napf-Rückwärts-Fließpressen wurden auf einer ölhydraulischen 2 MN-Presse (Fabrikat Müller, Modell ZE 160/200-10) durchgeführt. Die Stößelgeschwindigkeit im Arbeitshub betrug im vorliegenden Fall etwa 10 mm/s.

3.1.5 Wärmebehandlungen nach der Kaltumformung

Laut Kap. 2 sollte u. a. auch untersucht werden, wie sich die mechanischen Eigenschaften durch eine gezielte Wärmebehandlung nach dem Kaltumformen beeinflussen lassen. Bei der Festlegung der Temperatur wurde teilweise auf die Erfahrungen von Schacher [5] zurückgegriffen.

Beim Spannungsarmglühen sollen vor allem die inneren Spannungen abgebaut werden, ohne daß wesentliche Vorteile der Kaltverfestigung verloren gehen. Die Mehrzahl der Teile wurde bei 400 °C/1 h geglüht. Dabei wurde bei den Einflüssen unterschieden, ob die Wärmebehandlung sofort nach dem Umformen erfolgte oder erst ein bis zwei Monate später. Eine bei 550 °C durchgeführte Wärmebehandlung sollte zeigen, ob durch eine relativ geringe Temperaturerhöhung ein wesentlicher Zugewinn an Zähigkeit erreicht werden kann.

Beim Normalglühen verlieren sich die Vorteile der vorhergegangenen Kaltumformung, aber es entsteht durch das zweimalige Umkristallisieren ein feineres Korn; aufgrund der sehr hohen Dichte, der Neuanordnung der Körner und der hohen Temperatur finden nochmals Diffusionsvorgänge statt. Als Folge wird eine gegenüber dem Rohteil verbesserte Festigkeit bei sehr guter Zähigkeit erwartet. Erwärmt wurde in 1 h auf 950 °C mit anschließender Ofenabkühlung.

Alle Wärmebehandlungen wurden unter Argonatmosphäre durchgeführt. Das Nachsintern, das ebenfalls eine Wärmebehandlung ist, wurde bereits in Abschnitt 3.1.3.2 behandelt.

3.1.6 Erfassung der mechanischen Eigenschaften

Zugversuche

Zur Ermittlung der Werkstoffkennwerte

Zugfestigkeit	R_m
Dehngrenze	$R_{p0,2}$
Brucheinschnürung	Z
Bruchdehnung	A_5
Gleichmaßdehnung	A_g

wurden aus dem Schaft fließgepreßter Teile Zugproben B 6 x 30 nach DIN 50 125 hergestellt. Die Schaftlänge war in allen Fällen so groß, daß der instationäre Anfangsbereich weggelassen werden konnte.

Die Kennwerte der nicht umgeformten Sinterteile wurden mit dem von der American Metal Powder Association genormten Flachstab aufgenommen (ISO 3928 vom Jan. 77). Dieser wurde in das Stahl-Eisen-Prüfblatt 0088 übernommen. Die verwendete Werkstoffprüfmaschine (Fabrikat Roell und Korthaus, Modell Locap-Electromatic) hatte eine maximale Zugkraft von 100 kN. Die konstante Abzugsgeschwindigkeit betrug 2 mm/min.

Kerbschlagbiegeversuche

Bedingt durch den kleinen Schaftdurchmesser von 10 mm konnten für die Ermittlung der Kerbschlagzähigkeit a_k nur DVMK Proben nach DIN 50 125 hergestellt werden. Durchgeführt wurden die Versuche auf einem Pendelschlagwerk (Fabrikat Mohr und Federhoff) mit einer Schlagarbeit von 50 J.

Dauerfestigkeitsversuche

Die Normal-Probe für die Umlaufbiegemaschine (Fabrikat Schenck, Typ PUNZ) hat eine Länge von 80 mm. Der Auswerferweg der Exzenterpresse ist mit maximal 70 mm angegeben. Daher mußte nach dem Pressen zur Herstellung der benötigten langen Schäfte von 90 mm jedesmal das Werkzeug auseinandergenommen werden. Um diesen Arbeitsaufwand in einer erträglichen Größenordnung zu halten, wurde jedes Lastniveau mit nur 1 Probe belegt. Alle Proben waren entlang der Prüfstrecke in Längsrichtung poliert.

Das von der Maschine erzeugte Biegemoment ist trapezförmig, d. h. das belastende Moment ist über die Länge der Probe konstant. Das größte einstellbare Biegemoment beträgt 27 Nm. Damit kann bei der verwendeten Probenform eine Höchstbelastung von 900 N/mm^2 aufgebracht werden. Die Schwingspielfrequenz kann zwischen 6 000 und 12 000 min^{-1} gewählt werden.

Härtemessungen

Wenn möglich, wurde die Härte nach Brinell (DIN 50 351) mit einem Kugeldurchmesser d = 2,5 mm und einer Prüflast von 625 N bestimmt. Die Brinellhärtemessung hat den Vorteil, daß über einen relativ großen Bereich eine Summenhärte gemessen wird, und dadurch große Härteschwankungen durch den Einfluß der Poren vermieden werden. Bei den umgeformten Teilen ist es notwendig,in den interessanten Bereichen, z. B. in den Umformzonen oder in der Napfwand, dicht beieinander liegende und teilweise möglichst nahe am Rand befindliche Messungen durchzuführen. Hier mußte mit Rücksicht auf den geforderten Mindestabstand der Prüfeindrücke zusätzlich die Vickershärte HV 10 gemessen werden. Da die beiden Meßverfahren in dem gewünschten engen Toleranzbereich nicht übereinstimmen, wurde je eine Hälfte der Probe nach Brinell und nach Vickers ausgemessen. In den miteinander vergleichbaren Bereichen wurde die mittlere Abweichung zwischen HB 2,5/62,5 und HV 10 bestimmt und bei der Auswertung der HV 10-Meßwerte berücksichtigt.

Fließkurven

Für einige Verfahren zur Kraftabschätzung wird die mittlere Fließspannung k_{fm} benötigt (s. Abschnitt 4.2 und 4.4). Grundlage zur Bestimmung der Fließspannung ist die Fließkurve.

Aus den Werten des Zugversuches läßt sich die Fließkurve nur bis zu sehr kleinen Umformgraden bestimmen. Bei Verwendung von Stauchproben werden Werte von φ = 0,7 erreicht, d. h. die Proben werden auf die halbe Ausgangshöhe gestaucht. Die Probenabmessungen waren d_o = 10 mm und h_o = 16 mm.

Bei allen vier Werkstoffen wurden aus drei charakteristischen Bereichen Proben entommen: aus einem gesinterten Rohteil, aus dem Kopf einer verpreßten Probe und aus dem quasi stationären Schaftbereich. In Bild B 3 sind die im Stauchversuch ermittelten Fließkurven eingezeichnet. Der unterschiedliche Verlauf zwischen der Fließkurve aus einem Rohteil und dem Kopfbereich verdeutlicht, wie stark der Werkstoff sich schon vor dem Erreichen des Düsenbereichs verfestigt. Bei den Proben aus dem Schaft wurde die Größe der vorrausgehenden Formänderung über die Durchmesserabnahme berechnet. Die mit Hilfe der Visioplasticity errechnete Formänderung (s. Abschnitt 4.1.4) wurde nicht berücksichtigt, da einer Anwendung dieses Verfahrens in der Praxis der hohe Versuchs- und Rechenaufwand entgegenstehen würde, der Stauchversuch als solcher aber leicht durchführbar ist.

Die Stauchproben, die entsprechend den Gegebenheiten im Schaft eine stark ausgeprägte Textur aufweisen, erreichen ihre maximale Fließspannung nach einem Umformgrad von φ = 0,04 bis 0,05. Anschließend entfestigt der Werkstoff leicht. Ursache dafür dürfte sein, daß die Körner entgegen ihrem Faserverlauf gestaucht werden, und die Sinterbrücken infolge der Kerbwirkungen der Poren teilweise brechen. Die Ausgangsporosität liegt hier zwar volumenmäßig nicht mehr vor, aber es besteht an den ursprünglich freien Oberflächen keine metallische Verbindung, so daß hier keine Abstützung des Werkstoffes erfolgt.

Aufgenommen wurden die Fließkurven auf einer ölhydraulischen Werkstoffprüfmaschine (Fabrikat Losenhausen) mit einer Stauchkraft von 1000 kN und Stauchgeschwindigkeiten von V = 10 mm/min. Ein am Institut für Umformtechnik entwickelter Analogrechner ermittelt kontinuierlich aus den aktuellen Daten der Stempelkraft, des Stempelweges und aus der Ausgangsgeometrie der Probe die Fließspannung und zeichnete sie über einen integrierten x-y-Schreiber auf.

3.2 Versuchsergebnisse Voll-Vorwärts-Fließpressen

3.2.1 Umformkräfte

Wichtig für die Auswahl und evtl. Oberflächenbehandlung eines Werkzeugwerkstoffes und die damit zu erwartende Werkzeugstandzeiten ist die Kenntnis der maximalen Stempelkraft.

Schacher [5] hat gezeigt, daß die erforderlichen Kräfte zum Umformen von Sintereisen im Vergleich zu den Kräften des inkompressiblen Vergleichswerkstoffes bis zu 12 % höher liegen. Die Werkstoffe RZ 150 und ASC 100.29 unterscheiden sich bezüglich der erforderlichen Umformkräfte kaum. Bei den legierten Sintereisen benötigt der Werkstoff mit 0,15 % C und 2 % Ni höhere Stempelkräfte als der mit 4 % Ni legierte Werkstoff (Bild B 4). Die höchsten Stempelkräfte erfordert der phosphorlegierte Werkstoff. Die bezogenen Stempelkräfte liegen bei 2000 N/mm². Ermittelt wurden die Kräfte mit Rohteilen, die phosphatiert und mit Metallseife beschichtet waren.

Bild B 5 zeigt den Einfluß anderer Oberflächenbehandlungen. Die Metallseife ist gegenüber der Kombination Zinkphosphat - Gleitlack oder ausschließlich Gleitlack hinsichtlich der Umformkräfte die beste Lösung.

3.2.2 Oberflächenbeschaffenheit

Bei Sinterteilen muß die Rauhtiefenmessung, abweichend von den üblichen Begriffen, der Sintertechnik angepaßt werden. Es gilt nicht, die Tiefe der Poren zu messen, sondern die Höhe der über die Basis hinausragenden Elemente zu bestimmen. Sinterglatte Teile haben dann eine Rauhtiefe von 10 bis 15 µm. Das entspricht einer gedrehten Fläche ohne Rillenorientierung.

Da nach der Kaltumformung nahezu keine Porosität mehr vorhanden war, mußten bei der Auswertung der Meßschriebe keine verfahrensspezifischen Eigenschaften mehr berücksichtigt werden. Gemessen wurde im stationären Bereich des Schaftes.

Aus Tabelle B 2 geht hervor, daß die Oberflächenbehandlung: Phosphatieren und Beseifen die kleinsten Rauhheitsmaße ergibt. Sie sind mit denen des Werkstoffes QSt 32-3 vergleichbar. Der mit 2 % Ni und 0,15 % C legierte Werkstoff hat gegenüber dem Reineisen noch eine etwas geringere Rauhtiefe. Die bei der Umformung dieser Legierung auftretenden höheren Normalspannungen in der Düsenwand ebnen die Werkstoffoberflächen noch stärker ein.

Die schlechtesten Rauhheitsmaße ergaben sich mit den Rohteilen, die ausschließlich mit dem Gleitlack Molyday 727 behandelt waren. Das Sandstrahlen hatte insgesamt keinen Einfluß auf die Schaftrauhigkeit.

3.2.3 Festigkeitseigenschaften, Duktilität

Die mechanischen Eigenschaften nach dem Sintern der vier untersuchten Werkstoffe sind aus Bild B 6 ersichtlich.

<u>ASC 100.29</u>

Das Basispulver für die nickellegierten Werkstoffe war ASC 100.29. Der niedrige O_2-Gehalt des Pulvers mit 600 ppm und die geringeren Verunreinigungen sollten gegenüber dem wesentlich billigeren Pulver RZ 150 bessere Zähigkeitskennwerte bei gleicher Festigkeit ergeben.

Dieser erwartete Vorteil ergab sich nicht. Wohl ist die Festigkeit in Abhängigkeit vom Umformgrad nahezu gleich, aber die Erhöhung der Brucheinschnürung ist minimal, und die Gleichmaßdehnung und Bruchdehnung sind sogar geringfügig schlechter (Bild B 7). Wird noch die Streuung der Meßwerte und der denkbare Einfluß unterschiedlicher Umformgeschwindigkeiten berücksichtigt, so bietet keiner der Werkstoffe einen wesentlichen Vorteil, zumal die angestrebten Zähigkeitswerte des vergleichbaren schmelzmetallurgischen Werkstoffes Q St 32-3 um das Drei- bis Vierfache höher liegen.

Die Vorteile von ASC 100.29 kommen erst dann zur Geltung, wenn seine hohe Verdichtbarkeit ausgenutzt wird. In Bild B 8 sind die mechanischen Eigenschaften in Abhängigkeit von der relativen Ausgangsdichte aufgetragen. Am rechte Bildrand sind die Vergleichswerte für QST 32-3 eingezeichnet.

Mit zunehmender Dichte des Rohteils verhält sich der Sinterwerkstoff wie der inkompressible Vergleichswerkstoff. Die Festigkeit nimmt infolge kleiner werdender Vergleichsformänderung ab, da der kompressible Verdichtungsanteil fehlt und damit dessen zusätzlich verfestigende Wirkung.

Die Zweifachsintertechnik bietet Vorteile durch die zusätzlichen Sinterbrücken. Der Werkstoff besitzt im Vergleich zu dem in einer Pressung auf $\rho_{rel\ 0} = 0{,}975$ verdichteten Werkstoff höhere Festigkeit und Duktilität. Die Brucheinschnürung liegt sogar über der von QST 32-3. Die Teile mit $\rho_{rel\ 0} = 0{,}982$ wurden nach dem ersten Sintern in dem Werkzeug für das Voll-Vorwärts-Fließpressen nur so weit durchgepreßt, bis die Düsenschulter voll ausgefüllt war. Danach wurden sie aus dem Werkzeug entnommen, nochmals gesintert und anschließend weiter umgeformt.

In den Bildern B 9 und B 10 sind die Werkstoffkennwerte eines hochverdichteten und eines zweifachgesinterten Rohteils denen eines Rohteils mit $\rho_{rel\ 0} = 0{,}9$ gegenübergestellt.

ASC 100.29 + 4 % Ni

Der Zusatz von 4 % Ni erhöht bei den lediglich gesinterten Teilen die Zugfestigkeit gegenüber dem Basispulver um ≈ 100 N/mm^2 (Bild B 6). Dieser Festigkeitsunterschied bleibt auch nach der Umformung, unabhängig vom Umformgrad, erhalten. Das Streckgrenzenverhältnis verschlechtert sich allerdings von 0,7 auf 0,96. Im Vergleich zum reinen ASC 100.29 kann im Zähigkeitsverhalten nicht viel hinzugewonnen werden. Bei höheren Umformgraden ergibt sich zwar eine leicht erhöhte Brucheinschnürung, aber die Gleichmaßdehnung ist nahezu identisch und die Bruchdehnung um 1 bis 2 % besser (Bild B 11).

Den Einfluß des Matrizenöffnungswinkels auf die mechanischen Eigenschaften zeigt Bild B 12. Mit zunehmendem Matrizenöffnungswinkel verbessert sich die Duktilität deutlich. Bei der Festigkeit ist für $2\,\alpha > 90\,°$ keine Verbesserung mehr zu erzielen.

Wie das Werkstoffverhalten über die Ausgangsdichte beeinflußt werden kann, zeigt Bild B 13. Diese Legierung verhält sich kongruent zum Reineisen, die Festigkeit nimmt ab, die Zähigkeit beträchtlich zu. Voraussetzung beim Einfachsintern ist, daß die Teile garantiert mikrorißfrei sind. Diese Risse wirken sich vor allem auf das dynamische Verhalten aus; an den statischen Kennwerten sind sie nicht sicher zu erkennen.

In Bild B 14 ist der direkte Vergleich zwischen Hochverdichten und der Zweifachsintertechnik aufgezeigt, und Bild B 15 stellt die Dichten $\rho_{rel\ 0}$ = 0,9 und 0,98 beim Einfachsintern gegenüber.

ASC 100.29 + 2 % Ni + 0,15 % C

Nach dem Sintern hat dieser Werkstoff die gleiche Festigkeit, Brucheinschnürung und Bruchdehnung wie der mit 4 % Ni zulegierte Werkstoff. Die Gleichmaßdehnung allerdings liegt nahezu bei Null (Bild B 6).

Nach der Umformung zeigt der Werkstoff gegenüber der 4%igen Ni-Legierung eine Festigkeitsdifferenz, je nach Umformgrad, zwischen + 40 und + 100 N/mm². Im Vergleich zu ASC 100.29 beträgt der Festigkeitszuwachs 140 bis 200 N/mm² (Bild B 16). Der Kohlenstoff wirkt im Hinblick auf die Verformungskennwerte (A_g, A_5, Z) versprödend. Die Werte sind niedriger als beim Reineisen ASC 100.29.

Der Einfluß des Matrizenöffnungswinkels ist, wenn auch weniger ausgeprägt, ähnlich wie bei ASC 100.29 + 4 % Ni (Bild B 12). Durch den als Graphit zugegebenen Kohlenstoff kann das Pulver nicht fehlerfrei auf eine Dichte von $\rho_{rel\ 0} = 0{,}98$ verdichtet werden. Deshalb wurden nur Meßwerte von Rohteilen ausgewertet, die nach der Zweifachsintertechnik hergestellt wurden. In Bild B 17 werden die Auswirkungen der Einfach- und Zweifachsintertechnik miteinander verglichen.

<u>WPL 200 + 0,35 % P</u>

Im Ausgangszustand hat der phosphorhaltige Werkstoff mit R_m = 290 N/mm² von allen legierten Werkstoffen die geringste Festigkeit (der Unterschied zum ASC 100.29 beträgt nur 50 N/mm²) und sein Gesamtverhalten ist recht spröde.

Das Kaltfließpressen bewirkt bei diesem Werkstoff die höchste Festigkeitssteigerung von allen untersuchten Werkstoffen. Der Unterschied zum ASC 100.29 beträgt zwischen 300 und 350 N/mm², d. h. er erreicht eine Zugfestigkeit bis zu 1200 N/mm² (Bild B 18). Gleichmaßdehnung und Bruchdehnung sind trotz der deutlich höheren Festigkeit nicht schlechter als die der nickellegierten Werkstoffe, nur die Brucheinschnürung ist etwas geringer.

Versuche mit hochverdichteten Teilen wurden mit diesem Werkstoff aus Zeitgründen nicht mehr durchgeführt.

Zusammenfassend ist festzustellen, daß durch den Einsatz von relativ billigen Legierungskomponenten die Festigkeit von kaltumgeformtem Reineisen erheblich gesteigert werden kann. Verbesserungen des Zähigkeitsverhaltens, wobei Einbußen bei der Festigkeit in Kauf genommen werden müssen, können nur durch höhere Rohteildichten oder durch eine anschließende Wärmebehandlung (s. Abschnitt 3.2.7) erreicht werden.

In bezug auf das Streckgrenzenverhältnis $R_{p0,2}/R_m$ verhalten sich alle Werkstoffe, sowohl im Ausgangszustand als auch nach der Umformung, ähnlich. Im Ausgangszustand erreichen die Legierungen einen Wert $R_{p0,2}/R_m \approx 0,7$, während das Reineisen ein Verhältnis von 0,6 aufweist. Nach dem Fließpressen ist das Dehnungsvermögen der Werkstoffe sehr gering, und das Verhältnis $R_{p0,2}/R_m$ liegt mit steigendem Umformgrad zwischen 0,96 bis 0,99 (Bild B 19).

3.2.4 Kerbschlagzähigkeit

Die Sinterwerkstoffe zeigen im Vergleich zu inkompressiblen Werkstoffen bei der Kerbschlagzähigkeit a_k ein sehr ungünstiges Verhalten. Die Werte liegen etwa bei 1/10 der konventionellen Vergleichswerkstoffe [5]. Die höhere Reinheit und der geringe O_2-Gehalt von ASC 100.29 erhöht a_k nicht. Die von Mocarski [17] erwartete Verbesserung der Kerbschlagzähigkeit bei einem O_2-Gehalt < 200 ppm konnte nicht bestätigt werden.

Der Werkstoff mit Graphitzusatz hat die kleinsten a_k-Werte. Das beste Verhalten hat unerwarteterweise die Phosphorlegierung (Bild B 20 a). Der Einfluß des Matrizenöffnungswinkels ist ebenfalls minimal (Bild B 20 b). Allerdings muß berücksichtigt werden, daß sich alle diese Werte in einem sehr engen Bereich bewegen.

Das mikroskopisch zwar duktile, aber makroskopisch spröde Verhalten des Sintereisens läßt sich durch Zulegieren von Nickel oder Phosphor nicht entscheidend ändern. Der Einfluß der Mikrorisse, die sich aus ehemaligen Poren bilden, ist dominant. Ausschlaggebend ist, wie auch bei den nicht umgeformten Sinterteilen die Rohteilporosität. Deren Einfluß auf die Kerbschlagzähigkeit ist in Bild B 21 dargestellt. Mit hochverdichteten Teilen erreicht man gegenüber $\rho_{rel\ 0} = 0,9$ vier-bis fünffach höhere Werte und mit der Zweifachsintertechnik eine Verachtfachung der Werte (Bild B 10). In der herkömmlichen Pulvermetallurgie ist eine so starke Steigerung der Kerbschlagzähigkeit erst bei einer Dichte > 99 % möglich. Dies sind Dichtebereiche, die nur mit sehr aufwendigen Verfahren zu verwirklichen sind.

Eine weitere Möglichkeit der Beeinflussung der Kerbempfindlichtkeit ist eine gezielte Wärmebehandlung (s. Abschnitt 3.2.7).

3.2.5 Dauerfestigkeit

Durch den ständig stärker werdenden Zwang zu leichterem und wirtschaftlicherem Bauen, besonders im Automobilbau, gewinnt die Bemessung der Dauer- und teilweise auch schon der Zeitfestigkeit immer größere Bedeutung. Für viele Werkstoffgruppen kann bei den erschmolzenen Werkstoffen die Dauerfestigkeit aus der Zugfestigkeit abgeschätzt werden. Bei Stahl ist $\sigma_{bw}/R_m \approx 0,5$ [57].

Sinterstähle, die mit dem Warmpreßverfahren hergestellt werden, haben teilweise σ_{bw}/R_m-Verhältnisse, die weit unterhalb der Werte liegen, die von den inkompressiblen Werkstoffen her bekannt sind. Die in [14] gemessenen Werte liegen zwischen 0,25 bis 0,4. Eine Beeinflussung der σ_{bw}/R_m-Verhältnisse durch die Porosität und durch Schlackeneinschlüsse konnte nur in geringem Maße nachgewiesen werden.

Über die Auswirkungen einer Massivumformung auf die Dauerfestigkeit gibt es in der Literatur nur wenig Angaben [58].

Die Bilder B 22 bis B 29 zeigen die Wöhlerkurven der untersuchten Werkstoffe. Die nickellegierten Werkstoffe und das Reineisen haben bei $\rho_{rel\ 0} = 0,9$ ein σ_{bw}/R_m-Verhältnis von 0,4 bis 0,42. Der für QST 32-3 aufgenommene Vergleichswert ist unter Berücksichtigung der Fehlergrenzen gleich groß (Bild B 26). Beim phosphorlegierten Werkstoff kann die hohe Festigkeit nicht auf die Dauerfestigkeit übertragen werden. Er erreicht nur einen Wert $\sigma_{bW}/R_m = 0,33$. Die hochverdichteten und die mit der Zweifachsintertechnik hergestellten Proben zeigen Verhältnisse $\sigma_{bW}/R_m \approx 0,44$ bis 0,48 (Bild B 27, B 28). Bei allen Werkstoffen liegt die Dauerfestigkeit zwischen dem 1,1-bis 1,5fachen der Ausgangsfestigkeit der Rohteile.

Ein sehr schlechter Wert von τ_w/r_m = 0,15 ergab sich bei der Ermittlung der Verdreh-Dauerfestigkeit. Diese Versuche wurden bei der Firma Metallwerk-Unterfranken GmbH durchgeführt. Allerdings waren die Proben an den Stirn- und Prüfflächen leicht korrodiert. Für diese Versuche mußte eine andere Probenform ausgewählt werden, so daß dieser Wert nur bedingt mit den anderen verglichen werden kann. Für Stahl bis zu einer Festigkeit von 1000 N/mm² ist bekannt [57], daß das Verhältnis τ_w/R_m wesentlich schlechter ist als σ_{bW}/R_m.

Allgemein läßt sich sagen, daß durch Voll-Vorwärts-Fließpressen bei pulvermetallurgischen Werkstoffen das Verhältnis Dauerfestigkeit zu Zugfestigkeit verbessert wird. Die von Zapf [14] angegebene Formel zur Berechnung der Dauerfestigkeit über die Brucheinschnürung ergibt bei der Biegewechselfestigkeit zu kleine Werte. In Tabelle B 3 sind die aus den Untersuchungen ermittelten Werte den errechneten gegenübergestellt.

Wie sich das Fließpressen, metallkundlich betrachtet, auf die Dauerfestigkeit auswirkt, ist schwierig zu beurteilen. Wenn man die Verformungsmechanismen bei der Umformung mit denen bei wechselnder Belastung vergleicht, kann die Spannung, die zum Auslösen eines Dauerbruchs notwendig ist, durch eine Kaltumformung beeinflußt werden [58]. Durch die Anhäufung von Versetzungen und Gleitbändern kann das Gleiten bei den anschliessenden Biegewechselversuchen behindert werden.

Mit Röntgenrückstrahlaufnahmen wurde in [58] gezeigt, daß nach einer Kaltumformung nicht nur die makroskopischen Eigenspannungen 1. Art sondern auch die Gitterspannungen während der Wechselbeanspruchung abnehmen. Das muß nicht bedeuten, daß sich die gebildeten Versetzungen auflösen und keinen Einfluß auf die Dauerfestigkeit mehr haben. Es ist möglich, daß die aufgestauten Versetzungen so weit aktiviert werden, daß sie teilweise in ihre Gleitebenen zurücklaufen können. Während der Wechselbelastungen kann sich eine gleichmäßige Verteilung aller Versetzungen in den einzelnen Gleitebenen einstellen. Dadurch werden die Eigenspannungen höherer Art abgebaut. Trotzdem bleiben die Gleitsysteme, die zum Dauerbruch führen, behindert [58]. Dies führt zu einem Anstieg der Dauerfestigkeit nach dem Fließpressen.

3.2.6 Härteverteilung

Die hier untersuchten Sinterwerkstoffe verhalten sich bezüglich der Härtesteigerung und der Ausbildung des Härtereliefs entlang einer halbierten Probe sehr ähnlich gemäß den Aussagen von Schacher [5].

Der Werkstoff ASC 100.29 erzielt nach der Beziehung

$$\frac{HB_{VVFP} - HB_{Rohteil}}{HB_{Rohteil}}$$

mit 300 % eine etwas höhere Härte-Steigerung als der Werkstoff RZ 150. Die anderen Werkstoffe erreichen ebenfalls, bezogen auf den Schaftbereich, Härtesteigerungen von ≈ 250 %. Die Rohteilhärten in Abhängigkeit von der Dichte und von der Werkstoffzusammensetzung sind in Tabelle B 4 aufgeführt.

Die Bilder B 30 bis B 34 zeigen einige typische Härtereliefs. Im Gegensatz zu RZ 150 ist eine größere Differenz der Härtewerte über den Schaftquerschnitt nicht festzustellen, auch wenn, wie Bild B 34 zeigt, ein für eine möglichst homogene Umformung ungünstiger Matrizenöffnungswinkel $2\,\alpha = 150°$ gewählt wurde. Die am Düsenauslauf auftretenden Zugspannungen scheinen bei diesen festeren Werkstoffen nicht auszureichen, sie örtlich zu entdichten und damit zu entfestigen.

In Bild B 34 ist stellvertretend für die anderen Werkstoffe der Härteverlauf an der Schaftspitze dargestellt. Er verhält sich quantitativ bei den anderen gleich.

Hochverdichtete Rohteile besitzen zwar eine höhere Ausgangshärte, aber die durch Umformung erzielte Härtesteigerung von 140 % ist, bedingt durch die kleinere Vergleichsformänderung, wesentlich niedriger. Bild B 33 gibt einen Härteverlauf eines nach der Zweifachsintertechnik hergestellten Rohteils wieder. Aufgrund geringerer Verdichtungsanteile wirkt sich der Einfluß der Schiebungsanteile in den Randbereichen auf die Härtedifferenz über den Schaftquerschnitt deutlich aus.

3.2.7 Auswirkungen zusätzlicher Wärmebehandlungen

Die bisher vorgestellten Ergebnisse zeigen, daß sich durch Zulegieren von Nickel, Kohlenstoff oder Phosphor die statische und dynamische Festigkeit kaltumgeformter Sintereisen gegenüber dem Basispulver wesentlich erhöhen läßt. Das Zähigkeitsverhalten der Werkstoffe kann auf diese Art kaum oder nicht verbessert werden. Der Weg über hochverdichtete Rohteile oder die Zweifachsintertechnik ist aus wirtschaftlichen oder maschinellen Gründen nicht immer gangbar.

Eine zusätzliche Wärmebehandlung bietet jedoch die Möglichkeit, das Werkstoffverhalten in einem breiten Bereich auf das gewünschte Eigenschaftsprofil einzustellen. Hierzu wurden die zuvor kaltumgeformten Sinterwerkstücke verschiedenen Wärmebehandlungen unterzogen.

Die Glühdauer betrug sowohl beim Normal- als auch beim Spannungsarmglühen eine Stunde. Damit ist gewährleistet, daß die Streubreite der Ergebnisse sich in engen Grenzen hält. In vielen Fällen kann auch eine wesentlich kürzere Glühdauer zum gleichen Ergebnis führen [5].

Beim Spannungsarmglühen (400 °C) verringert sich die Festigkeit bei $\varphi = 1{,}4$ um 8 % bis 13 % und bei $\varphi = 0{,}8$ um 5 bis 10 %. Die relative Einbuße nimmt mit zunehmender Werkstofffestigkeit ab (Bild B 35). Die Gleichmaßdehnung steigt bei den größeren Umformgraden um bis zu 400 %, bei kleinem φ um bis 300 % (Bilder B 36 bis B 39). Zueinander verschieben sich die Relationen nicht (Bild B 35). Bei der Bruchdehnung beträgt die Zunahme etwa 140 % und bei der Brucheinschnürung 30 % bis 40 %.

Ein sofort nach der Kaltumformung durchgeführtes Spannungsarmglühen ergibt zusätzlich etwas niedrigere Festigkeiten ($\approx$ 3 %) gegenüber den oben genannten Werten, aber einen nochmaligen deutlichen Zugewinn an Zähigkeit (Bild B 39). Verursacht wird dieses Verhalten dadurch, daß der Mechanismus der Reckalterung durch die initiierten Erholungsvorgänge teilweise abgeschwächt wird.

Mit einer Glühtemperatur von 550 °C kann die Gleichmaßdehnung von 2,5 % auf 12,4 %, die Bruchdehnung von 8 % auf 17 % und die Brucheinschnürung von 23 % auf 45 % erhöht werden (Bild B 36). Die Festigkeit beträgt immer noch 75 % der Ausgangsfestigkeit.

Das Streckgrenzenverhältnis $R_{p0,2}/R_m$ läßt sich bei Glühtemperaturen von 400 °C nicht und bei 550 °C nur geringfügig verbessern. Die Kerbschlagzähigkeit ändert sich beim Reineisen durch Spannungsarmglühen nicht, bei den nickellegierten Werkstoffen um maximal 15 %. Beeinflußt werden kann der a_k-Wert durch ein sofortiges Glühen nach der Umformung bei 400 °C ($\approx$ + 10 %) oder bei 550 °C ($\approx$ + 40 %).

Das Normalglühen bei 950 °C entspricht in seinen Auswirkungen auf das Sintereisen nahezu einem zweiten Sintervorgang. Die fehlende H_2-Atmosphäre ist nicht mehr entscheidend, da die Oxide größtenteils beim ersten Sintervorgang reduziert wurden.

Die Zugfestigkeit und Dehngrenze liegen nach dem Normalglühen, bedingt durch die vermehrten Sinterbrücken, etwa um 70 bzw. 130 N/mm² über denen der gesinterten Rohteile (Bilder B 11, B 16, B 40). Die Zähigkeitswerte entsprechen beim ASC 100.29 mit A_g = 34 %, A_5 = 45 % und Z = 82 % denen eines QST 32-3 mit gleicher Fertigungsgeschichte. Das Pulver RZ 150 schneidet hier deutlich schlechter ab. Die Kerbschlagzähigkeit von ASC 100.29 erhöht sich von 10 J/cm² auf 115 J/cm² (Bild B 41). Die legierten Sintereisen erreichen höhere Festigkeit bei etwas schlechteren Verformungskennwerten.

Diese Wärmebehandlung hat auch einen entscheidenden Einfluß auf das Streckgrenzenverhältnis. Die Werte verringern sich von $R_{p0,2}/R_m$ > 0,95 auf 0,65 bis 0,75, d. h. der Werkstoff bietet jetzt wieder optimale Voraussetzungen für weitere Umformungen.

3.2.8 Einfluß des Stickstoffes auf die Werkstoffkennwerte nach der Kaltumformung

Reckalterung

Jedes technisch erschmolzene Eisen kommt im Verlauf seiner metallurgischen Herstellung mit Luft in Berührung und enthält deshalb stets eine gewisse Menge Stickstoff. Das Lösungsvermögen von α-Eisen für Stickstoff ist gering. Bei 590 °C beträgt es maximal 1000 ppm. Mit fallender Temperatur nimmt die Löslichkeit erheblich ab und sinkt bei Raumtemperatur auf 0,1 ppm. Bei schneller Abkühlung von Temperaturen oberhalb 590 °C wird der Stickstoff in übersättigter Lösung gehalten, während bei sehr langsamer Abkühlung Fe_4N-Nadeln ausscheiden [48, 59, 60].

Die Gasanalyse zeigte, daß im ASC 100.29 nach dem Sintern ≈ 200 ppm und in dem Werkstoff mit 2 % Ni und 0,15 % C sogar 300 ppm Stickstoff gelöst waren (Tabelle T 5). Diese Werte entsprechen denen eines Thomasstahls. Das Pulver enthält im Anlieferzustand nur 20 ppm Stickstoff. Nach dem Entgasen im Hochvakuum sank der N_2-Gehalt im reinen Sintereisen auf 15 ppm. Der im Hochvakuum gesinterte Werkstoff mit 2 % Ni enthielt nur noch 8 ppm Stickstoff.

Für stickstoffhaltiges Eisen ist bekannt, daß beim Umformen Reckalterung auftritt, d. h. Stickstoffatome blockieren die durch Umformung hervorgerufenen Versetzungen.

Der Mechanismus der Reckalterung läuft folgendermaßen ab: die interstitiell im Kristallgitter des α-Eisens gelösten Stickstoffatome sind in den freien Räumen des kubisch-raumzentrierten Gitters statistisch regellos verteilt. Durch Diffusion erhöht sich an den Versetzungen die Konzentration der Stickstoffatome, bis diese vollständig besetzt sind. Sie bilden die sogenannte "Cottrell-Atmosphäre".

Bei einer weiteren plastischen Verformung stehen keine freien Versetzungen zur Verfügung, so daß zu einer Neubildung freier Versetzungen eine höhere Spannung erforderlich ist [56].

Auswirkungen

Der Werkstoff ASC 100.29 zeigte beim Spannungs-Dehnungs-Schaubild eines Stufenzugversuches bei der Wiederbelastung der Zugprobe eine deutliche Spannungserhöhung. Die zusätzlich aufzubringende Spannung $\Delta\sigma$ betrug zwischen 15 - 30 N/mm². Voraussetzung war, daß vor der Wiederbelastung genügend Zeit für die Alterung zur Verfügung stand. Im vorliegenden Fall reichten 2 bis 3 Tage aus.

Die Alterungsneigung kann durch entsprechende Wärmebehandlungen stark vermindert werden [48]. Bei pulvermetallurgischen Werkstoffen ist es möglich, das Eindringen des Stickstoffes beim Sintern durch entsprechende Maßnahmen zu steuern.

Es zeigte sich, daß der Stickstoff bei Sintereisen mehr positive als negative Auswirkungen hat. Das im Vakuum entgaste Sintereisen ASC 100.29 hat, obwohl es 1 h länger auf Sintertemperatur war, eine um 300 N/mm² verminderte Zugfestigkeit und Dehngrenze (Bild B 42 a). Die gleiche Festigkeitseinbuße weist auch der nur im Vakuum gesinterte Werkstoff mit 2 % Ni und 0,15 % C auf (Bild B 42 b). Diese geringe Festigkeit macht sich auch an der niedrigen Härte der Rohteile bemerkbar. Das Reineisen hat eine Härte von HB = 45 gegenüber 70 und der zweite Werkstoff erreicht nur 55 gegenüber normal 90. Dementsprechend werden erheblich kleinere Stempelkräfte zum Fließpressen benötig (Bild B 43).

Im Vergleich zum stickstoffhaltigen Werkstoff ergeben sich für beide Werkstoffe deutlich höhere Zähigkeitskennwerte. Die Gleichmaßdehnung erreicht beim Reineisen einen Werte von 2 %, und die Bruchdehnung verdoppelt sich auf 7 %. Bei der Brucheinschnürung beträgt der Zugewinn rund 40 %. Der legierte Werkstoff erreicht fast die gleichen Werte. Bei ASC 100.29 verbessert sich die Kerbschlagzähigkeit auf 20 J/cm² gegenüber 10 J/cm² und bei ASC mit 2 % Ni auf 12 J/cm² gegenüber 8 J/cm².

Zusammenfassend ist festzustellen, daß der Verlust an Festigkeit nicht durch den Zugewinn an Zähigkeit wettgemacht werden kann. Der Stickstoff stellt somit in der Pulvermetallurgie ein kostenloses Legierungselement dar. Über eine gezielte Steuerung des Stickstoffgehaltes läßt sich gegebenenfalls das Eigenschaftsprofil der Sinterwerkstoffe noch weiter variieren.

3.2.9 Festigkeitseigenschaften induktiv gesinterter Rohteile

Das induktive Sintern bietet besonders bei anschließendem Schmieden, Halbwarm- oder Kaltumformen mannigfaltige Vorteile gegenüber Sintern im Ofen.

Durch Verändern der folgenden Parameter können gegenüber konventionell gesinterten Teilen andere mechanische Eigenschaften entstehen: Schnelleres Ausbrennen der preßerleichternden Zusätze, kürzere Sinterzeit und höhere Temperatur, anderes Schutzgas, veränderter Wärmefluß bei der Erwärmung der Grünlinge.

Die hier verwendeten Rohteile wurden ausschließlich mit Matrizenschmierung verdichtet, so daß nur der Teflonbelag auf der Probe abgebrannt werden mußte. Die Verbrennungsrückstände des Teflons konnten in der Aufheizphase durch einen etwas erhöhten Schutzgasstrom sehr einfach beseitigt werden. Inwieweit diese Methode bei zugemischtem Zinkstearat möglich ist und wieviel Zeit die Gase brauchen, um vom Probeninneren mit Sicherheit nach außen zu gelangen, kann nicht beantwortet werden. Hierzu sind grundlegende Untersuchungen nötig. Bei der Matrizenschmierung kann davon ausgegangen werden, daß die kurze Ausbrennzeit von 1 bis 2 min ausreicht, den Schmierstoff vollständig zu entfernen, und somit keine negativen Einflüsse auf das Werkstoffverhalten zu erwarten sind.

Sehr interessant, auch bezüglich des Energieverbrauchs, sind die Parameter Sinterzeit und -temperatur. Da am Institut für Werkstoffkunde II der Universität Karlsruhe ein umfangreiches Forschungsvorhaben bezüglich des induktiven Sinterns durchgeführt wird, wurde in bezug auf die Sinterzeit auf dort gemachte Erfahrungen zurückgegriffen. Die Aufheiz- und Haltezeit betrug einheitlich 5 min. Bei längerer Haltezeit kann sich R_m und Z eventuell noch etwas verbessern.

Bei dem Parameter Sintertemperatur mußte, da teilweise bei 1350 °C Anschmelzungen in den Rohteilen beobachtet wurden, eine eigene Versuchsreihe durchgeführt werden.

Um eine ausreichende Reduktion der Oxide zu gewährleisten, wurde beim Einfachsintern als niedrigste Temperatur 1250 °C gewählt. Bild B 44 zeigt, daß die Sintertemperatur zwischen 1250 °C und 1350 °C auf die Festigkeit nach der Umformung keinen und auf die Verformungskennwerte nur einen geringen Einfluß hat.

Beim Zweifachsintern wurde einmal bei 1250 °C und einmal bei 800 °C induktiv nachgesintert (die erste Sinterung fand jedesmal im Ofen statt). Bei der niedrigeren Temperatur wird eine höhere Festigkeit (≈ 25 N/mm²) erreicht bei etwas abfallender Zähigkeit (Bild B 45). Die Unterschiede sind nicht sehr groß, so daß die Vorteile der Energieeinsparung überwiegen dürften. Des weiteren müßte überprüft werden, wo beim Nachsintern im α-Bereich die optimale Temperatur liegt.

Stärker sind die Unterschiede zwischen dem Zweifachsintern im Ofen und dem induktiven Nachsintern. Aus den Bildern B 46 a, B 46 b ist ersichtlich, daß das induktive Sintern eine um 20 bis 100 N/mm² höhere Festigkeit ergibt, wobei aber die Kerbschlagzähigkeit nur 40 % bis 60 % des Vergleichswertes erreicht. Bei den übrigen Zähigkeitskennwerten betragen die Unterschiede nur wenige Prozent. Ursache dafür könnte sein, daß beim Nachverdichten die vorhandenen harten oxidischen Einschlüsse teilweise gesprengt werden, und beim Nachsintern im Ofen genügend Zeit vorhanden ist, sie wirksam zu reduzieren, während beim induktiven Sintern die Zeit dafür nicht ausreicht. Bei dem mit 0,15 % C zulegierten Sintereisen ist der Unterschied in der Kerbschlagzähigkeit sehr gering.

Den größten Einfluß auf die Werkstoffkennwerte hat die Schutzgasatmosphäre. Schon die Stempelkräfte zeigen, daß zum Umformen induktiv gesinterter Rohteile wesentlich geringere Kräfte notwendig sind, nur bei der Zweifachsintertechnik sind keine wesentlichen Differenzen zum konventionellen Werkstoff vorhanden.

Aus Tabelle T 5 ist zu erkennen, daß die induktiv gesinterten Rohteile bei sehr niedrigem Sauerstoffgehalt einen Stickstoffgehalt von 50 ppm haben. Da das Schutzgas aus Wasserstoff mit einer Reinheit von 99,99 % bestand, gab es für den Werkstoff nur in sehr geringem Maße die Möglichkeit, über evtl. undichte Stellen der zum Rezipienten führenden Leitungen Stickstoff aufzunehmen. Auf den Wasserstoffgehalt hatte die Atmosphäre kaum einen Einfluß. Es wurde erwartet, daß der Werkstoff nach dem Fließpressen bei etwas verbesserter Zähigkeit eine relativ niedrige Festigkeit haben würde. Aus Bild B 47 geht hervor, daß sich der im Hochvakuum entgaste und der induktiv gesinterte Werkstoff bei nahezu allen Kennwerten entsprechen. Bei der Brucheinschnürung schneidet das Induktivsintern etwas besser ab.

Bild B 48 zeigt das Härterelief zweier induktiv gesinterter Proben bei 1300 °C und 1250 °C. Auch hier ist ersichtlich, daß der Temperaturunterschied keinen Einfluß auf die Härte hat. Durch den fehlenden Stickstoff erreicht die Probe eine maximale Härte im Schaft von 160 HB. Der im Ofen gesinterte Werkstoff hat dagegen nach dem Fließpressen eine Härte von 280 HB. Die Rohteilhärte bei den induktiv gesinterten Teilen betrug 50 HB, so daß die relative Härtesteigerung mit 220 % ebenfalls geringer ausfällt.

Zusammenfassend ist festzustellen, daß das induktive Erwärmen von Grünlingen auf eine Temperatur von ≈ 1300 °C und eine Haltezeit von 5 min in reinem Wasserstoff ausreicht, die im Werkstoff enthaltenen Oxide sehr gut zu reduzieren und zwischen den Teilchen ausreichend Sinterbrücken zu bilden. Ob es auch möglich ist, über ein Gasgemisch genügend Stickstoff in der kurzen Zeit in den Werkstoff einzulagern, müßte überprüft werden.

3.3 Versuchsergebnisse Napf-Rückwärts-Fließpressen

Nach den Erfahrungen von [61 bis 63] und den Ergebnissen beim Voll-Vorwärts-Fließpressen wurde erwartet, daß sich das Reineisen und die nickellegierten Werkstoffe bei allen Querschnittsänderungen fehlerfrei umformen lassen würden. Da die mittleren Druckspannungen wesentlich höher sind als beim Voll-Vorwärts-Fließpressen, neigen die Werkstoffe wesentlich weniger zur Rißbildung. Es wurden für jeden Parameter nur wenige Teile hergestellt, da an den fertigen Näpfen außer der Härteverteilung keine anderen Werkstoffeigenschaften ermittelt werden können. Einen Rückschluß auf die mechanischen Eigenschaften soll der Zusammenhang zwischen der Härte und der örtlichen Vergleichsformänderung beim Napf-Rückwärts-Fließpressen und dem Voll-Vorwärts-Fließpressen herstellen.

Ein Vorteil beim Napfen von Sinterrohteilen für die Praxis könnte darin bestehen, daß die Stirnfläche durch die größere Rauhigkeit mehr Schmierstoff aufnehmen kann, und dadurch höhere h/d-Verhältnisse möglich sind.

3.3.1 Umformkräfte

Die größte Umformkraft in Abhängigkeit von der relativen Querschnittsänderung zeigt Bild B 49 a. Zwischen den Werkstoffen ergibt sich die schon beim Voll-Vorwärts-Fließpressen bekannte Relation. Die kleinsten Kräfte ergeben sich mit dem Werkstoff QST 32-3 und die mit Abstand höchsten mit dem phosphorlegierten Eisen. Mit ihm konnten die relativen Querschnittsänderungen ε_A = 0,25 und 0,38 nicht genapft werden, da infolge einer nicht mehr ganz einwandfreien Stempelaufnahme die Gefahr eines Stempelbruches bestand. Es ist nicht sicher, ob dieser relativ spröde Werkstoff auch bei diesen kleinen Querschnittsänderungen rißfrei umgeformt werden kann, eventuell müßte auf die Napfwand ein Gegendruck ausgeübt werden, um eine höhere mittlere Druckspannung zu erzeugen.

Aus der größten Stempelkraft läßt sich die wirkliche Stempelbelastung nicht unmittelbar ablesen. Eine gewichtigere Aussage erhält man aus der bezogenen Stempelkraft. Besonders beim Napf-Rückwärts-Fließpressen ist die Gefahr des Stempelbruchs infolge zu hoher bezogener Stempelkräfte gegeben.

Bild B 49 b zeigt, daß in dem untersuchten Bereich ε_A = 0,25 bis 0,75 die Querschnittsänderung kaum einen Einfluß auf die größte bezogene Stempelkraft hat. Beim Reineisen kann der Anstieg auch aus sich ungünstig überlagernden Meßfehlern entstanden sein. Eine Überprüfung war infolge Stempelbruchs nicht mehr möglich. Beim WPL 200 + 0,35 % P liegt die Stempelbelastung von

2400 N/mm² bereits an der Grenze der Haltbarkeit des verwendeten Schnellarbeitsstahls (Werkstoff-Nr. 3343).

Die Kraft-Weganstiege zeigen den schon von [64] her bekannten Verlauf. Bei kleinem ε_A (< 0,5) ergibt sich ein flacherer Anstieg als bei großem ε_A. Dies kann damit erklärt werden, daß bei großen Querschnittsänderungen gleich zu Beginn der Umformung eine starke Verdichtung eintritt (s. Abschnitt 4.1.2.2), während dies bei kleinen Querschnittsabnahmen erst allmählich erfolgt.

3.3.2 Geometrische Eigenschaften

Die zu Beginn der Umformung stattfindende Verdichtung beeinflußt die Zentrierung des Stempels und damit die Unrundheit und Wanddickenabmessung der Näpfe. Der Verdichtungsvorgang ist wiederum abhängig von der Querschnittsänderung und von der Rohteildichte.

Die relative Maßänderung entlang der Napfwand beträgt unabhängig von $\rho_{rel\ 0} \approx 1$ % bis 3 %. Mit kleiner werdender Wanddicke wird der relative Fehler erwartungsgemäß größer. Die gleiche Größenordnung fand sich auch beim Werkstoff C 15 [65]. Wesentlich größere Fehler ergeben sich bei der Messung des Wanddickenverlaufs über den Umfang. Gemessen wurde an vier um 90° versetzten Stellen der Napfwand mit je 5 Dickenmessungen entlang der Napfhöhe. Bei QST 32-3 beträgt der relative Fehler der Wanddicke ($\varepsilon_A = 0{,}72$) 3 % bis 5 %. Die Wanddickenunterschiede beim Sintereisen reichen von 3 % bis 10 %.

Über den Einfluß der Parameter $\rho_{rel\ 0}$ und ε_A läßt sich verallgemeinernd sagen, daß mit höherer Dichte und geringerer Querschnittsabnahme der relative Fehler der Wanddicke abnimmt.

Ein weiterer wichtiger Kennwert für die geometrischen Eigenschaften eines Napfes ist die Rundheit. Gemessen wurde an drei Stellen der Napfwand mit einem Rundheitsmeßgerät (Fabrikat Taylor-Horbson, Modell Talyrond 50) sowohl die Innen- als auch die Außenkontur. Die Rundheitsprofile wurden auf einer Papierscheibe aufgezeichnet und nach DIN 7184 Bl.2 ausgewertet.

Aus Tabelle B 5 sind die Formfehler in Abhängigkeit von Werkstoff, ε_A und $\rho_{rel\ 0}$ ersichtlich. Mit größerer Querschnittsabnahme werden die Formfehler kleiner. Bezüglich der Rohteildichte ist kein prägnanter Einfluß erkennbar. Die besten Werte ergeben sich mit inkompressiblem Werkstoff.

Die Rauhtiefen wurden nicht gemessen, da alle Rohteile von 20,15 mm Durchmesser auf 20,0 mm abgedreht werden mußten, und der Einfluß der Drehriefen nicht gewichtet werden konnte.

3.3.3 Härteverteilung

Die Napfteile, an denen Härtemessungen durchgeführt wurden, hatten alle eine einheitliche Restbodendicke von 25 mm. Bei einer kleineren Bodendicke wäre es nicht mehr möglich gewesen, am Gegenstück die Netzlinien auszumessen. Damit die Härtewerte korrespondierenden örtlichen Vergleichsformänderungen zugewiesen werden können, müssen die Umformstufen der Napfteile einander entsprechen.

Die hohe Bodendicke erlaubt es, auch sehr gut zu erkennen, ob sich der Verdichtungsvorgang bereits bis zum Napfboden ausgewirkt hat.

In Bild B 50 ist die Härteverteilung nach dem Napf-Rückwärts-Fließpressen für Reineisen und die nickellegierten Werkstoffe aufgezeichnet.

Ein Vergleich der Härtewerte in der Napfwand mit denen im Schaft beim Voll-Vorwärts-Fließpressen bei etwa gleicher Querschnittsabnahme (φ = 1,4, ε_A = 0,75) ergibt folgende Werte (in Klammer sind die Werte von Voll-Vorwärts-Fließpressen angegeben):

ASC 100.29	HB 2,5/62,5	= 250	(VVFP 280)
ASC + 4 % Ni	HB 2,5/62,5	= 300	(VVFP 330)
ASC + 2 % Ni + 0,15 % C	HB 2,5/62,5	= 320	(VVFP 340)

Die Aussage, daß die Härtesteigerung beim Napf-Rückwärts-Fließpressen geringer ist als beim Voll-Vorwärts-Fließpressen, wird aufgrund der visioplastischen Berechnungen verständlich (s. Abschnitt 4.1.5). Die örtlichen Vergleichsformänderungen in der Napfwand sind geringer als im Schaft.

Der Verlauf der Härtewerte vom Napfboden bis zur Stempelspitze zeigt, daß für $\varepsilon_A = 0{,}73$ der Verdichtungsvorgang unabhängig vom Werkstoff nach diesem Stempelweg bereits bis zum Boden erfolgte. Die Härtewerte am Boden entsprechen denen beim Voll-Vorwärts-Fließpressen unter dem Stempel. Ein starker Härteanstieg findet sich in dem Bereich 4 mm unter der Stempelspitze. Innerhalb der Napfwand besteht ein leichtes Gefälle bei den Härtewerten von der Napfinnenwand zum Rand hin. Dieser Verlauf stimmt ebenfalls mit dem der errechneten Vergleichsformänderung überein.

Bei kleinen Querschnittsabnahmen $\varepsilon_A < 0{,}3$ reicht die Druckspannung noch nicht aus, um den Werkstoff bis zum Boden zu verdichten. Bedingt durch die kleineren Schiebungsanteile ergibt sich in der Napfwand eine maximale Härte HB = 170. Der radiale Härteabfall in der Napfwand bildet sich bei einem Randwert HB = 120 wesentlich stärker aus. Die Spitze der Napfwand, insbesondere im Bereich der Außenkontur, besteht aus nahezu unverformtem Werkstoff, so daß die Werkstoffeigenschaften denen des Rohteils entsprechen.

Bei einer 50-%igen Querschnittsabnahme verfestigt der Werkstoff nach einem Stempelweg von 12 mm bereits bis zum Boden. Die maximale Härte in der Napfwand beträgt HB = 210.

Wird die Härte gemäß der in Kap. 5 dargestellten Auswertung mit Vergleichsformänderungen verknüpft, so läßt sich eine Aussage über die örtlichen Werkstoffeigenschaften der Näpfe machen. Bei gleicher relativer Querschnittsänderung beim Voll-Vorwärts-Fließpressen und Napf-Rückwärts-Fließpressen sind die Festigkeits- und Zähigkeitskennwerte in der Napfwand etwas geringer als in einem entsprechenden Schaft. Im oberen Napfrand besteht ein gegenüber dem unverformten Werkstoff leicht verbessertes Werkstoffverhalten. Die Größe dieses Bereichs ist abhängig von ε_A. Direkt unter dem Stempel entsprechen die Werkstoffeigenschaften fast denen der Napfwand, sie fallen allerdings in Richtung Napfboden sehr schnell ab.

Rechnerische Ermittlung des Werkstoffflusses beim Voll-Vorwärts- und Napf-Rückwärts-Fließpressen

4.1 Visioplastische Untersuchungen

In [5] wurden die Dichteverteilung und die örtliche Vergleichsformänderung anhand des Werkstoffes RZ 150 in Abhängigkeit von der relativen Ausgangsdichte, dem Umformgrad und dem Matrizenöffnungswinkel sehr eingehend untersucht. Da in dieser Untersuchung wesentlich reinere Eisenpulver verwendet wurden und zu erwarten war, daß das Verfestigungsverhalten unterschiedlich ist, wurden beim Voll-Vorwärts-Fließpressen Vergleichsversuche durchgeführt.

Ziel dieser Untersuchungen ist es, eine genaue Aussage über die örtliche relative Dichte in einem Sinterteil nach der Umformung zu machen, sowie über die Höhe der berechneten örtlichen Vergleichsformänderungen die Werkstoffkennwerte und das evtl. noch zur Verfügung stehende Formänderungsvermögen des Werkstoffes abzuschätzen.

Für das Napf-Rückwärts-Fließpressen liegen bezüglich Dichteverteilung und örtlicher Vergleichsformänderung noch keine Ergebnisse vor.

4.1.1 Allgemeine Vorgehensweise

Die Rohteile für die visioplastischen Untersuchungen bestanden aus je zwei meridional geteilten und an den Schnittflächen polierten Proben. In eine der Hälften wurde ein Liniennetz mit je 1 mm Abstand in x- und z-Richtung eingeritzt. Die Ausgangsteile beim Voll-Vorwärts-Fließpressen hatten die Abmessung $h_o \cdot d_o$ = 36,5 mm · 20,15 mm.

Für das Napf-Rückwärts-Fließpressen mußten die Teile auf d_o = 20,0 mm abgedreht werden. Bei beiden Verfahren wurde vor dem Fließpressen phosphatiert und mit Gleitlack beschichtet (s. Abschnitt 3.1.3.3).

Das Ausmessen der Netzlinien erfolgte auf einem Universalmeß-mikroskop,Fabrikat Zeiss Typ 100/50 Digital mit einer Ablese-genauigkeit von 0,002 mm.

Da das Napf-Fließpressen ein instationärer Vorgang ist, mußten zur Beschreibung des Umformvorganges die Rohteile stufenweise umgeformt werden. Der Zuwachs des Stempelweges betrug pro Umformstufe 1 bis 2 mm. Nach jeder Umformstufe wurden die Proben mit $Mo\,S_2$ Gleitlack eingesprüht.

4.1.2 Bestimmung der örtlichen Dichte

Die Dichte beim Napf-Rückwärts-Fließpressen wurde nach der in [5] beschriebenen Methode ermittelt. Mit Hilfe der Guldinschen Regel werden die einzelnen Volumina des eingeritzten Netzrasters berechnet. Über die bekannte Ausgangsdichte der Proben kann dann die örtliche Dichte über die Beziehung

$$\rho_{rel} = \frac{\rho_{rel\,o}\; V_o}{V_{RE}} \qquad (4)$$

bestimmt werden (Bild T 9).

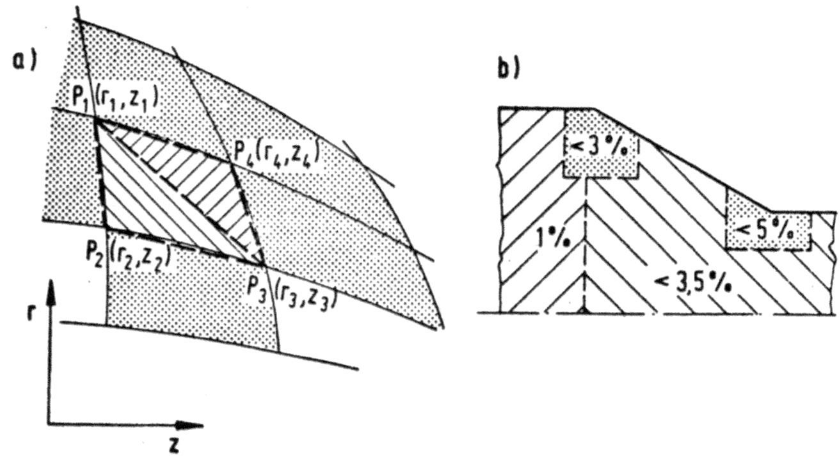

Bild T 9: **Erfassung der örtlichen relativen Dichte** [5]

a) Prinzip, b) Fehlerbetrachtung.

Aus den fließgepreßten Schäften, deren relative Dichte rechnerisch nahezu 1 beträgt, wurden geometrisch definierte Proben herausgearbeitet, auf einer Sartorius Laborwaage Typ 2002 MP 1 auf 1/1000 g gewogen und über das spezifische Gewicht des Werkstoffes die mittlere rel. Dichte des Teiles bestimmt. Es ergaben sich rel. Schaftdichten > 0,99.

Die visioplastisch berechneten Dichten hatten, bezogen auf diese Werte, einen Fehler < 5 %.

4.1.2.1 Verdichtungsverhalten beim Voll-Vorwärts-Fließpressen

Die Ausbildung der örtlichen Dichte hängt, abgesehen vom Umformverfahren, der Ausgangsdichte und der Werkzeuggeometrie, auch vom Werkstückwerkstoff ab. Wie die anderen Parameter die Dichte beeinflussen, wurde ausführlich in [5] diskutiert. Inwieweit sich eine höhere Festigkeit auf die Verdichtung auswirkt, zeigt Bild B 51. Unterschiedliches Verhalten besteht nur im Kopfbereich. Bei Eintritt des Werkstoffes in die Umformzone haben beide eine rel. Dichte > 0,99. Im Schaft liegt zwischen Längsachse und Außenkontur ein kleiner Bereich, in dem die rel. Dichte < 0,99 beträgt. Für Schäfte aus reinem Sintereisen liegt dieser Wert bei ≈ 0,97. Der Werkstoff mit höherer Festigkeit reagiert unempfindlich auf die in der Umformzone auftretenden Zugspannungen. Die Dichtewerte sind etwa um $\Delta\rho_{rel\ 0} = 0{,}01$ höher.

Interessanter bezüglich des Verdichtungsverhaltens ist der Bereich vor der Umformzone. Hier zeigt sich deutlich, daß der weichere Werkstoff, ausgehend von der Stempelunterkante, schneller verdichtet. An der Randzone liegt die rel. Dichte schon 5 mm unterhalb des Stempels nahezu bei 1. Die hohe Randdichte hat ihren Ursprung in der vor der Umformung durchgeführten Oberflächenbehandlung (s. Abschnitt 3.1.3.3). Gegenüber den aus dem Werkstoff RZ 150 umgeformten Teilen haben sich die Reibverhältnisse geändert, und das dem Phosphatieren vorausgehende Sandstrahlen hat die Außenkontur vorverdichtet. Der Werkstoff mit der höheren Festigkeit verdichtet sich vor Eintritt in die eigentliche Umformzone entlang der Mittellinie nahezu linear bis auf $\rho_{rel\ o} > 0{,}99$.

Im Vergleich zum Werkstoff RZ 150 ergaben sich vor allen Dingen im Schaft keine wesentlichen Unterschiede. Daher wurden bezüglich der anderen Parameter keine weiteren Untersuchungen durchgeführt. Die Rohteile mit einer rel. Ausgangsdichte > 0,975 blieben aufgrund des dann zu großen rel. Meßfehlers bei der noch ausstehenden möglichen Verdichtung unberücksichtigt.

4.1.2.2 Verdichtungsverhalten beim Napf-Rückwärts-Fließpressen

Da das Napf-Rückwärts-Fließpressen während der gesamten Umformung ein instationärer Vorgang ist - Stromlinien und Bahnlinien sind nicht identisch - ist der Aufwand zur Bestimmung der örtlichen Dichte wesentlich größer als beim Voll-Vorwärts-Fließpressen.

Bei einem stationären Vorgang genügt es, die Probe vor und nach der Umformung je einmal auszumessen. Da hier Bahn und Stromlinien identisch sind, läßt sich das Verdichtungsverhalten eines Elementes entlang seiner Bahnlinie entsprechend der Stufung Δ_z verfolgen. An allen Ringelementen mit gleichem Abstand r von der Mittellinie vollziehen sich während der Umformung die gleichen Formänderungen und Verdichtungen. Ausgenommen davon ist der instationäre Anlaufbereich und der Werkstoff, der nicht vollständig durch die Düse gepreßt wird.

Beim Napf-Rückwärts-Fließpressen muß das Werkstück in sehr kleinen Stufen umgeformt werden. Nach jeder Stufe wird die mit den Netzlinien versehene Napfhälfte vollständig ausgemessen.

Je tiefer der Stempel in den Werkstoff eindringt, desto schwieriger wird es, den Bereich unterhalb des Stempels und insbesondere den Übergang von der Umformzone in die Napfwand exakt auszumessen. Um möglichst Näpfe mit hohen Napfwänden und kleinen Bodendicken noch gut ausmessen zu können, wäre es wünschenswert, ein Liniennetz zu haben, das in z-Richtung große Abstände zwischen den einzelnen Linien hat.

Unterhalb des Stempels fließt der Werkstoff in radialer Richtung. Die ursprünglich eingeritzten Quadrate werden zu langgezogenen Rechtecken. Dadurch rücken die radialen Netzlinien eng zusammen. Bei porösen Werkstoffen wird dieses Zusammenrükken durch die Verdichtung zusätzlich verstärkt.

Bei der Berechnung nach der Guldinschen Regel werden die Eckpunkte - das sind hier die Schnittpunkte der in r- und z-Richtung eingeritzten Linien - durch Geraden miteinander verbunden, wie es auch im Ausgangszustand der Fall ist. Bei einem Liniennetz, das durch Voll-Vorwärts-Fließpressen umgeformt wird, trifft dies auch noch in guter Näherung zu.

Beim Napf-Fließpressen erfolgen im Bereich der Stempelkante starke Umlenkungen. Die Stromlinien zeigen in diesem Bereich eine Richtungsänderung von ≈ 130°. Die Verbindung zweier Eckpunkte, wobei der eine noch unterhalb des Stempels und der andere bereits in der Napfwand liegt, kann durch eine Gerade nur ungenau angenähert werden. In Bild B 52 ist ersichtlich, daß hier die Verbindungslinie der Punkte durch den Stempel geht. Das ergibt bei der Dichteberechnung zu kleine Werte. Um diesen Fehler möglichst klein halten zu können, wäre ein enges Liniennetz von Vorteil. Bei einem kleinen Linienabstand ist aber eine ausreichende Auswertung schon nach einem kleinen Umformweg nicht mehr möglich. Als guter Kompromiß bezüglich dieser beiden gegenläufigen Wünsche hat sich ein Linienabstand von 1 mm erwiesen.

Eine weitere Fehlerquelle sind stark vergrößerte, teilweise "schleifende" Liniennetzschnittstellen, wie sie an der Napfinnenwand auftreten. Durch Vergleich der einzelnen Stufen läßt sich die Lage der Punkte recht gut bestimmen. Als Hilfestellung muß jede Stufe photographisch belegt sein. Der Fehler in der Napfwand konnte < 7 % gehalten werden.

Die Ausbildung der örtlichen Dichte ist vom hydrostatischen

Spannungszustand abhängig. Um dessen Verlauf entlang der Probenhöhe gut auflösen zu können, hatten die Teile ein Höhen/Durchmesserverhältnis von 1,83.

Bei einer großen relativen Querschnittsänderung (ε_A = 0,725) - Folge: hohe Stempelkräfte und damit große Druckspannungen im Werkstück - verdichtet der Werkstoff zu Beginn des Vorganges entlang der Napfwand am stärksten. Nach etwa 1,5 mm Stempelweg ist die Dichte im Randbereich auf $\rho_{rel\ 0}$ = 0,96 angestiegen (Bild B 53). Sie fällt entlang der Wand in Richtung Boden etwas ab. Diese Tendenz ist allerdings schwach und wird durch die Meßfehler überlagert, so daß sie bei der Zeichnung nicht berücksichtigt wurde. Unterhalb des Stempels, ausgehend von der Stempelspitze, bildet sich die Dichtezunahme kreisförmig über den restlichen Werkstoff aus. Bereits nach 5 mm Stempelweg ist nahezu im gesamten Napf $\rho_{rel\ 0}$ > 0,98. Zu diesem Zeitpunkt ist die Napfhöhe trotz sich bereits ausbildender Napfwand immer noch niedriger als das eingesetzte Rohteil.

Am Napfboden ist noch ein Ringelement mit $\rho_{rel\ 0}$ = 0,96 vorhanden. Es befindet sich zwischen Napfwand und der Mittelachse des Teils. Dieser Bereich bleibt, wenn auch zunehmend kleiner werdend, bis zur letzten Stufe bestehen. Ein weiterer Bereich relativ kleiner Dichte liegt im Gebiet der starken Umlenkungen unterhalb des Stempelrandes. Dieser Bereich tritt nur bei ε_A = 0,73 auf und verschwindet erst bei dem zuletzt durchgeführten Umformschritt. Die Napfhöhe erreicht dann die Höhe des eingesetzten Rohteils, wenn das durch den Stempel verdrängte Werkstoffvolumen in etwa der Gesamtporosität des Rohteils entspricht.

Bei einer kleineren Querschnittsänderung ε_A = 0,5 ist zu Beginn der Umformung die Verdichtung am Rand nicht so ausgeprägt wie im oben gezeigten Beispiel (Bild B 54). Der kreisförmige Verlauf der Verdichtung, ausgehend vom Stempel, bildet sich hier deutlicher aus. Während bei ε_A = 0,73 auch die obere Napfwand eine relative Dichte > 0,99 hat, erfährt bei ε_A = 0,5 die oberste Napfwand nahezu keine Dichteänderung. Infolge von Reibungseinflüssen bildet sich nach der dritten und vierten Umformstufe die abfallende Dichte entlang der Napfwand zum Boden deutlich aus. Bei gleicher Bodendicke entsprechend $\varepsilon_A = 0{,}73$ (26 mm) hat nur noch eine scheibenförmige Zone am Napfboden eine relative Dichte < 99. Die Ausbildung der Napfwand bezüglich der Ausgangshöhe des Rohteils verhält sich im Prinzip wie im Fall $\varepsilon_A = 0{,}73$.

Bei einer noch kleineren rel. Querschnittsänderung ($\varepsilon_A = 0{,}25$) reicht die hydrostatische Spannung auch bei einer Bodendicke von 23 mm noch nicht aus, die ganze Probe zu verdichten. Die geringe Verdichtung direkt unterhalb des Stempels zeigt wie auch bei schmelzmetallurgischem Werkstoff [64] den Einfluß der Querschnittsänderung auf den Stofffluß. Bei größeren Querschnittsänderungen tritt die größte axiale Stauchung unmittelbar unterhalb des Stempels auf (Bild B 55 a). Bei kleinen Querschnittsänderungen (Bild B 55 b) bildet sich zumindest im Anfangsbereich der Umformung direkt unter dem Stempel ein Bereich relativ geringer axialer Stauchung aus.

4.1.3 Berechnung der örtlichen Vergleichsformänderung beim Voll-Vorwärts-Fließpressen

Grundlage zur Berechnung der örtlichen Formänderungen beim Voll-Vorwärts- und Napf-Rückwärts-Fließpressen von porösen Werkstoffen sind die in [4, 34, 38] beschriebenen plastizitätstheoretischen Betrachtungen. In diesen Arbeiten werden die theoretischen Überlegungen, basierend auf der klassischen v. Misesschen Fließbedingung, ausführlich diskutiert.

Wie in [5] gezeigt wird, läßt sich die örtliche Vergleichsformänderung ε_v aus der Integration der Formänderungsinkrementewerte entlang der Bahnlinie zu

$$\varepsilon_v = \int_{\text{Bahnlinie}} d\varepsilon_v = \int_{\text{Bahnlinie}} \left\{ \frac{2}{3} \left[\frac{3}{1-\alpha_k} I_2' + \frac{1}{4\alpha_k} I_1^2 \right] \right\}^{\frac{1}{2}} dt \qquad (1)$$

berechnen. Dabei stellt

$$I_1 = \dot{\varepsilon}_{ii} \tag{2}$$

die erste Invariante des Formänderungsgeschwindigkeitstensors

$$I'_2 = \dot{\varepsilon}'_{ij} \cdot \dot{\varepsilon}'_{ij} /2 \tag{3}$$

die zweite Invariante des Formänderungsgeschwindigkeitsdeviators dar.

Die Verdichtung eines kompressiblen Werkstoffes erfolgt beim Voll-Vorwärts-Fließpressen weitgehend im Kopfteil. Die Auswertung der visioplastischen Versuche analog zu [5] (vgl. Abschnitt 4.1.2.1) ergab, daß es sich mit guter Näherung um eine einachsige Formänderung handelt. Für die mathematische Behandlung der Verdichtung bedeutet dies, daß keine radialen und tangentialen Formänderungen im Kopfteil auftreten.

Entsprechend gilt für das Verdichtungsinkrement

$$d\varepsilon_z = - d\rho / \rho \tag{5}$$

Die Vergleichsformänderung,resultierend aus der Vorverdichtung, errechnet sich zu

$$\varepsilon_{vo} = \left(\frac{2}{3} \int_{rel\,0}^{rel} \frac{d\rho_{rel}}{\rho_{rel}} \left[\frac{3\alpha_k + 1}{3\alpha_k \, (1-\alpha_k)} \right] \right)^{1/2}_{Z=1} \tag{6}$$

Wobei für α_k der Wert nach Höneß [4]

$$\alpha_k = (0{,}988 - \rho_{rel}^{\;1{,}655})/3 \tag{7}$$

eingesetzt wurde.

Bild B 60 zeigt die örtlichen Formänderungen beim Werkstoff ASC 100.29. Im Vergleich zu RZ 150 ergibt sich kein wesentlich anderes Bild. Der Unterschied liegt im Bereich der Fehlergrenzen des Verfahrens. Das Ergebnis zeigt, daß die örtlichen Formänderungen beim Umformen von Sinterteilen in Abhängigkeit von der relativen Ausgangsdichte wesentlich höher sind als bei einem Werkstück aus inkompressiblem Werkstoff. Aus diesen höheren Formänderungen resultieren die höheren statischen

Festigkeitswerte, andererseits auch die geringen Dehnungswerte durch die schnellere Erschöpfung des Formänderungsvermögens des Matrixwerkstoffes.

4.1.4 Berechnung und Deutung der örtlichen Vergleichsformänderungen beim Napf-Rückwärts-Fließpressen

Die Auswertung der visioplastischen Untersuchungen zeigt, daß beim Napf-Rückwärts-Fließpressen zu Beginn des Vorganges die Annahme gerechtfertigt ist, daß die radialen und tangentialen Formänderungen im Bereich unterhalb des Stempels vernachlässigbar sind. Diese Annahme ist in den Bildern B 53 u. B 54 bis zur fünften Umformstufe gültig. Die aus der Verdichtung resultierende Vergleichsformänderung ε_{VO} wird entsprechend Abschnitt 4.1.3 Gl. (6) bestimmt. Die gesamte örtliche Vergleichsformänderung errechnet sich aus dem Vorverdichtungsanteil ε_{VO} und der Summe der Formänderungsinkremente entlang der stufenweise dargestellten Bahnlinie der Schnittpunkte.

Die in Abschnitt 4.1.2.2 durchgeführte Fehlerbetrachtung bezüglich der Berechnung der örtlichen Dichte, gilt auch für Gl. (6). Dies trifft vor allem für den Bereich Stempelspitze - Napfinnenwand zu. In den gezeigten Beispielen (ε_A = 0,73 bzw. 0,5) war der Fehler bei der Dichteberechnung < 7 %, so daß ε_V mit den tatsächlichen Werten gut übereinstimmen dürfte. In den Bildern B 60, 61 sind in der rechten Napfhälfte Linien konstanter Vergleichsformänderungen eingezeichnet. Die größten Formänderungen finden an der Napfinnenwand statt. Die Maximalwerte von ε_V sind kleiner als beim Voll-Vorwärts-Fließpressen bei gleichem ε_A. Die Härtemessungen bestätigen dieses Ergebnis (Abschnitt 3.3.3). Bis zu einer Höhe von 20 mm resultieren die Vergleichsformänderungen am Boden aus der Vorverdichtung. Für die Ausbildung der Umformzone (die Vorverdichtung soll nicht berücksichtigt werden) bestätigt sich quantitativ der von Geiger [36] erstellte Zusammenhang: Die Höhe der Umformzone steigt mit fallendem ε_A. Eine exakte Bestimmung der Umformzone ist bei porösen Werkstoffen nicht möglich, da gerade an deren Berandung der Gradient der Formänderung klein ist und durch die Verdichtung des Werkstoffes überlagert wird.

4.2 Einfache Kraftabschätzungen für das Voll-Vorwärts-Fließpressen

Es wurde überprüft, ob einer der bekannten Ansätze der elementaren Plastizitätstheorie zur Kraftabschätzung beim Voll-Vorwärts-Fließpressen den Ansprüchen der Praxis genügt.

Zur Bestimmung der bezogenen Stempelkraft wurden neun Ansätze ohne Berücksichtigung der Aufnehmerreibung und vier Ansätze nur für die Aufnehmerreibung verwendet und miteinander kombiniert. Die meisten dieser Ansätze gehen von der Überlegung aus, daß sich die Umformkraft für stationäre und quasistationäre Umformvorgänge aus der ideellen Umformkraft, Schiebungskraft und Reibkraft zusammensetzt.

Ein direkter Vergleich der Formeln untereinander scheitert zunächst daran, daß für jede Formel ein bestimmter Bereich für die Reibzahl angegeben wird. Diese Reibzahlen sind gleichzeitig auch Korrekturfaktoren für die Fehler, die durch die mathematische Vereinfachung des Umformvorganges entstehen.

Nach dem Vorschlag von Mac Lelleau und Wistreich [66] wurde eine mittlere Reibzahl für die Schulter und über den Kraft-Weg-Verlauf für den Aufnehmer ermittelt.

Zur Vereinfachung der Rechnungen wurde aus der Summe der Reibkräfte von Schulter und Aufnehmer unter Berücksichtigung der zuvor bestimmten μ-Werte die mittlere Reibzahl entsprechend

$$\bar{\mu} = \frac{\mu_A \; K_{fo} \; A_A + \mu_s \; k_{fm} \; A_s \; \cos\alpha}{k_{fo} \; A_A + k_{fm} \; A_s} \qquad (8)$$

berechnet. Die Reibzahlen liegen je nach Umformgrad zwischen 0,04 und 0,09.

Der mittlere relative Fehler ist auch beim besten Ansatz größer als für die nach dem Verfahren der oberen Schranke ermittelten Werte. Da auch die Handhabung dieser Formeln nicht einfach ist, wird auf eine weitere Erläuterung verzichtet.

Eine schnelle und einfache Kraftabschätzung erlaubt die analytische Gleichung nach Pugh [67]. Die Berechnung der Konstanten erfolgte mit Hilfe eines FORTRAN-Programmes aus 180 Meßwerten. Die Beziehung enthält als Werkstoffkennwert die Härte entsprechend Tabelle B 4 und als Haupteinfluß des Umformvorganges den Umformgrad φ.

Danach ergeben sich für die bezogene Stempelkraft

$$\bar{p}_{St} = a \; H^{m} \; \varphi^{n} \; (N/mm^2) \qquad (9)$$

die Konstanten zu

H = Brinellhärte HB 2,5/62,5 nach dem Sintern
a = 190
m = 0,45
n = 0,62

Der mittlere Betrag des relativen Fehlers liegt bei 13,5 % und der maximale Fehler bei 30 %.

Unter zusätzlicher Berücksichtigung des halben Matrizenöffnungswinkels α und des Längen-/Durchmesserverhältnisses l_o/d_o ergeben sich für den erweiterten Ansatz nach Pugh

$$p_{St} = a \; H^{m} \; \varphi^{n} \; \alpha^{k} \; (l_o/d_o)^{l} \qquad (10)$$

die Konstanten zu

a = 9,1
m = 0,42
n = 3,31
k = 0,14
l = 2,86

Bei diesem Ansatz beträgt der arithmetische Mittelwert der relativen Fehler noch 8 % und der maximale Fehler 27%.

4.3 Obere Schranke für das Voll-Vorwärts-Fließpressen eines kompressiblen Werkstoffes

Für zahlreiche Umformverfahren liegen Kraftabschätzungen nach dem Verfahren der "oberen Schranke" vor. Voraussetzung ist inkompressibles Werkstoffverhalten. Grundlage all dieser Verfahren ist ein kinematisch zulässiges Formänderungsgeschwindigkeitsfeld v_{ii}^{*}, das den Ausdruck

$$J^{*} = k \sqrt{2} \int_V \sqrt{v_{ij}^{*} \; v_{ij}^{*}} \; dV - \int_A S_i \, v_i^{*} \, dA \qquad (11)$$

zu einem Minimum macht [68].

Ein Ansatz, der sich beim Voll-Vorwärts-Fließpressen als sehr gut erwiesen hat [69], wurde auf seine mögliche Anwendbarkeit für poröse Werkstoffe untersucht. Die damit errechneten Kräfte lagen wesentlich über den tatsächlich gemessenen Kräften. Der Fehler betrug in allen Fällen über 15 %.

Für die Ermittlung der mittleren Fließspannung wurden die Fließkurven der untersuchten Werkstoffe in der Potenzfunktion nach Ludwik dargestellt und über das Integral wurde k_{fm} berechnet. Die mittlere Fließspannung eines porösen Werkstoffes liegt deutlich höher als die eines vergleichbaren schmelzmetallurgischen Werkstoffes.

Die Kräfte beim Umformen von Sinterwerkstoffen sind zwar höher als bei konventionellen Werkstoffen, aber nicht in dem von der Fließspannung zu erwartenden Maße.

Grundlage eines befriedigenden Ansatzes für die Kraftabschätzung beim Kaltumformen von Sinterwerkstoffen muß ein Geschwindigkeitsfeld sein, bei dem das Verdichtungs- und Fließverhalten der Werkstoffe mit berücksichtigt wird.

Aufbauend auf dem Fließkriterium nach v. Mises

$$k_f = \frac{1}{\rho_n} \sqrt{\frac{1}{2} \left\{ (\sigma_x - \sigma_y)^2 + (\sigma_y - \sigma_z)^2 + (\sigma_z - \sigma_x)^2 + \left(\frac{\sigma m}{f}\right)^2 + 3 (\tau_{xy}^2 + \tau_{yz}^2 + \tau_{zx}^2) \right.} \tag{12}$$

sowie der Spannungs-Dehnungs-Beziehung

$$\frac{d\varepsilon_x - d\varepsilon_y}{\sigma_x - \sigma_y} = \frac{d\varepsilon_y - d\varepsilon_z}{\sigma_y - \sigma_z} = \frac{d\varepsilon_z - d\varepsilon_x}{\sigma_z - \sigma_x} = \frac{d\gamma_{xy}}{\tau_{xy}} = \frac{d\gamma_{yz}}{\tau_{yz}} =$$

$$= \frac{d\gamma_{zx}}{\tau_{zx}} = \frac{f I_1}{(2/3)(\sigma_m/f)} = \frac{3 d\varepsilon_v}{2 \rho^{2n-1} k_f} \tag{13}$$

und der Vergleichsformänderungsgeschwindigkeit

$$\dot{\varepsilon}_V = \rho^{n-1} \sqrt{\frac{2}{9} \left\{ (d\varepsilon_x - d\varepsilon_y)^2 + (d\varepsilon_y - d\varepsilon_z)^2 + (d\varepsilon_z - d\varepsilon_x)^2 + (f I_1)^2 + \frac{1}{3} (d\gamma_{xy}^2 + d\gamma_{yz}^2 + d\gamma_{zx}^2) \right.} \tag{14}$$

hat Shima [41] eine obere Schrankenlösung für das Fließpressen bei ebenem Spannungs-Zustand erstellt.

Hierbei ist f eine Funktion der relativen Dichte und n eine positive Konstante.

Nach [42] wird n zu 2,5 gewählt und f erhält die Form

$$f = \frac{1}{2} \frac{1}{\sqrt{1 - \rho}} . \tag{15}$$

Die Gleichungen (12) bis (15) eingesetzt in die bekannten Ansätze für inkompressible Werkstoffe ergeben

$$\int_A S_i V_i^* \, dA = \leq \int_T k_f \rho_m^n \sqrt{\left(\frac{4}{9} + f^2\right) \Delta v_n^{*2} + \frac{1}{3} \Delta v_t^{*2}} \, dT \tag{16}$$

Da diese Gleichung nur für den ebenen Formänderungszustand

gilt, muß berücksichtigt werden, daß die Geschwindigkeitskomponenten in z-Richtung und alle nach z abgeleiteten Größen entfallen.

Durch Minimierung der rechten Seite von Gl. 16 erhält man eine modifizierte Schrankenlösung für poröse Werkstoffe.

Bild T 10 zeigt das von Shima angenommene Geschwindigkeitsfeld bei ebenem Formänderungszustand. Die Verdichtung findet ausschließlich entlang der Linie BC statt. Arbeit wird nur entlang der Strecken AB, AC und BC verrichtet.

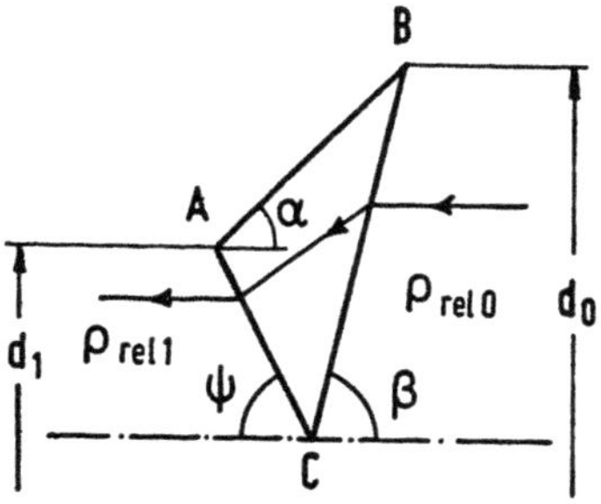

Bild T 10: Angenommenes Geschwindigkeitsfeld bei ebenem Formänderungszustand [33].

Für axialsymmetrische Vorgänge ergeben sich die Anteile zusammengefaßt und auf k_{fm} bezogen zu

$$\frac{p}{k_{fm}} < \frac{1}{\sqrt{3}} \left(\rho_m^{n} \sqrt{3 \left(\frac{4}{9} + f^2\right)\left(1 - \frac{\rho_{rel0}}{\rho_{rel1}}\right)^2 + \left[(r-1) \left\{\frac{\cos\alpha}{\sin\alpha} - \frac{\sin(\psi-\alpha)}{R\sin\alpha \, \sin\psi}\right\} - r\left\{\frac{\cos(\psi+\alpha)}{\sin(\psi+\alpha)} - \frac{\cos\psi}{R\sin\psi}\right\} \right]^2} + \rho_{rel1}^{n} \left\{\frac{r \sin\alpha}{R\sin(\psi+\alpha) \, \sin\psi} + mr \frac{(1-1/R)\sin\psi}{\sin(\psi+\alpha)\sin\alpha}\right\} \right). \tag{17}$$

Dabei ist

$$\rho_m = (\rho_{rel\ 0} + \rho_{rel\ 1})/2 \text{ und } r = (A_0/A_1)(\rho_{rel\ o}/\rho_{rel\ 1})$$

(entsprechend den Verhältnissen bei axialsymmetrischen Vorgängen). Die relative Dichte des Schaftes wurde mit 1 angenommen. Zusätzlich zu den Angaben von Shima wurde noch die Reibung im Aufnehmer berücksichtigt. Als Reibhöhe h_0 wurde die Rohteilhöhe entsprechend $\rho_{rel\ 0} = 1$ gewählt, da der Werkstoff zum Zeitpunkt der max. Stempelkraft bereits auf über 98 % verdichtet und damit auch nur noch diese anteilige Wandreibung wirksam war. Der in Gl. (17) verwandte Reibfaktor m entspricht der im angelsächsischen Schrifttum üblichen Betrachtungsweise

$$\tau_R = m\,k. \tag{18}$$

Da die Gleichung (16) die beim ebenen Formänderungszustand berechtigten mathematischen Einschränkungen für rotationssymmetrische Vorgänge nicht mehr erfüllt, müssen die Ergebnisse mit Vorbehalt betrachtet werden.

Doch die Übereinstimmung von Versuchsergebnissen und Rechnung ist so gut (Bild B 56), daß dieser Ansatz, solange es keine den Vorgang mathematisch besser beschreibende Lösung gibt, zur Kraftabschätzung empfohlen werden kann. Der max. Fehler liegt bei allen vier Werkstoffen unter 15 %.

4.4 Bestimmung der mittleren Fließspannung

Bei der Berechnung der Stempelkraft muß, damit eine brauchbare Aussage getroffen werden kann, die Verfestigung des Werkstückwerkstoffs mit berücksichtigt werden. Wenn das Verfestigungsverhalten des Werkstoffes bekannt ist, kann für einen gegebenen Umformgrad eine mittlere Fließspannung k_{fm} berechnet werden. Die genaue Bestimmung von k_{fm} setzt voraus, daß für den gesamten Umformvorgang der repräsentative mittlere Umformgrad φ_m bekannt ist. Dies ist mit visioplastischen Untersuchungen möglich. In der Praxis ist dieses Verfahren aufgrund des hohen Versuchsaufwandes jedoch nicht anwendbar.

Am einfachsten berechnet sich k_{fm} aus der Beziehung

$$k_{fm} = \frac{k_{f0} + k_{fmax}}{2},$$

mit k_{f0} = Fließgrenze des Werkstoffes.

Dieser Wert ist jedoch nicht exakt definiert. Da die Fließkurve im Anfangsbereich sehr steil verläuft, ergeben sich bei der Ermittlung des k_{f0}-Wertes oft große Unterschiede, wodurch die berechnete Stempelkraft sehr stark beeinflußt wird.

Wesentlich genauer läßt sich k_{fm} berechnen, wenn die Fließkurve durch die Potenzfunktion

$$k_f = C\,\varphi^n$$

dargestellt werden kann. Dann errechnet sich die mittlere Fließspannung zu

$$k_{fm} = C\,\frac{\varphi n + 1}{(n + 1)\,\varphi}$$

Die mögliche Fehlerquelle einer unterschiedlichen Definition der Fließgrenze des Werkstoffes ist hier nicht mehr gegeben.

Grundvoraussetzung ist, daß die Fließkurve bis zu dem maximal auftretenden Umformgrad φ_{max} bekannt ist. Da es kein Verfahren gibt, die Fließkurve in einem Versuch bis zu dem hier geforderten Umformgrad $\varphi = 1,4$ aufzunehmen, muß sie aus mehreren einzelnen Fließkurven zusammengesetzt werden.

Bei porösen Werkstoffen ist die Ausbildung der Fließkurve vom Spannungszustand bei der Umformung abhängig. Beim Voll-Vorwärts-Fließpressen verdichtet sich der Werkstoff, bevor er in die Umformzone eintritt, auf über 98 %. Das hat eine starke Werkstoffverfestigung zur Folge. Maßgeblich für die benötigte Stempelkraft ist das Werkstoffverhalten in der Umformzone. Deshalb muß der Anfangsbereich der Fließkurve mit einer Stauchprobe aufgenommen werden, die bereits entsprechend der oben genannten Bedingungen vorverfestigt ist. Am besten wird eine

Stauchprobe aus dem Kopfteil eines umgeformten Werkstückes hergestellt (Bild B 3, Probe 2). Mit der Stauchprobe 1, die aus einem Rohteil gefertigt ist, ergibt sich eine zu niedrige Fließspannung. Die Stauchproben für den Bereich 3 wurden aus den Schäften von Werkstücken mit einem Umformgrad von $\varphi = 0,8$ bis 1,4 hergestellt. Die vorausgehende Umformung φ_{vor} wird beim Erstellen der Fließkurve entsprechend berücksichtigt.

Für den in Bild B 3 gezeigten Fall wurde die Potenzfunktion für die Fließkurve über ein Computerprogramm berechnet. Zu diesem Zweck wurden einige Punkte des Fließkurvenverlaufs der vorverfestigten Probe 2 und von den Fließkurven aus dem Bereich 3 entweder k_{fmax} oder k_f an der Stelle $\varphi_{(vor+0,02)}$ eingegeben. Beispiel: Hatte der Schaft, aus dem die Stauchproben hergestellt wurden, einen Umformgrad $\varphi = 1,2$, dann muß die Fließspannung an der Stelle $\varphi = 1,22$ abgelesen werden.

Da die Fließspannung bei allen Proben aus dem Schaftbereich nach kleiner zusätzlicher Umformung wieder abfiel, und die Ausbildung von k_{fmax} teilweise schleifend war, wurde die nach der zweiten Methode ermittelte Fließkurve als Grundlage für die Berechnung der mittleren Fließspannung genommen.

In Bild B 57 sind die Potenzansätze der vier untersuchten Werkstoffe eingezeichnet. Sie gelten nur beim Voll-Vorwärts-Fließpressen und einer Rohteildichte $\rho_{rel\ 0} = 0,9$. Unterschiedliche Matrizenöffnungswinkel beeinflussen den Kurvenverlauf ebenfalls. Mit größer werdendem Matrizenöffnungswinkel wird die Fließkurve höher.

4.5 Nomogramm für das Voll-Vorwärts-Fließpressen

Für eine leichte und schnelle Kraftabschätzung wurde der modifizierte Ansatz von Shima [33] in Nomogrammform dargestellt. Die relative Rohteildichte wurde zu 0,9 angenommen. Diese Dichte ist mit den modernen Pulvern leicht zu erreichen und ergibt sehr gute mechanische Werkstoffeigenschaften. Bei sehr hohen Dichten kann die Kraftabschätzung auch entsprechend einem vergleichbaren schmelzmetallurgischen Werkstoff vorgenommen werden. Ausgelegt wurde das Nomogramm für den Matrizenöffnungswinkel $2\,\alpha = 90°$.

Zur Erstellung des Nomogramms wurde der Ansatz von Gl. (17) so behandelt, als ob ein starridealplastischer Werkstückwerkstoff mit $k_f = 1$ zugrunde liegen würde und das wahre Werkstoffverhalten erst nachträglich durch Multiplizieren mit einer mittleren Fließspannung k_{fm} erfaßt wird.

Ermittlung der Preßkraft

Das Nomogramm (Bild B 58) besteht aus fünf Quadranten. Aus dem 1. Quadranten rechts unten läßt sich der Umformgrad φ, die relative Querschnittsänderung ε_A oder das im englischen Schrifttum gebräuchliche Querschnittsverhältnis R, entsprechend den Rohteil- und Werkstückabmessungen, entnehmen.

Im darüberliegenden 2. Quadranten kann der Einfluß unterschiedlicher Reibverhältnisse berücksichtigt werden. Als Ergebnis erhält man eine maximale bezogene Stempelkraft für einen Werkstoff mit der Fließspannung $k_f = 1$. Eine systematische Auswertung der Kraft-Weg-Schriebe bezüglich der Reibverhältnisse ergab, daß in der Fließpreßschulter und im Aufnehmer unterschiedliche Reibwerte gelten. Im Computerprogramm zur Erstellung des Nomogramms wurden die Reibwerte relativiert, so daß hier nur mit einer mittleren Reibzahl gerechnet wird. Der Bereich praktisch üblicher Reibzahlen ist angelegt.

Im anschließenden Quadranten links oben wird durch Multiplikation mit der mittleren Fließspannung k_{fm} die maximal bezogene Bodenkraft und daraus folgend im 4. Quadranten (links unten) die absolute Größe der maximalen Stempelkraft ermittelt. Ist $h_o/d_o \neq 1$, so muß die ermittelte Stempelkraft mit dem aus dem 5. Quadranten entnommenen Korrekturfaktor multipliziert werden.

Beispiel:

Werkstoff ASC 100.29 + 2 % Ni + 0,15 % C
h_o = 34,2 mm (bei $\rho_{rel\,0} = 1$)
d_o = 18,2 mm

h_o/d_o = 1,87
k_{fm} = 807 N/mm² (k_f = 865 $\varphi^{0,0896}$)

Mit μ = 0,8 ergibt sich die bezogene Stempelkraft p_{Stmax} = 1330 N/mm². Für die max. Stempelkraft unter Berücksichtigung des Korrekturfaktors folgt F_{Stmax} = 381 kN. Die Abweichung zum Meßwert von 365 kN beträgt 4,4 %.

Bild B 56 zeigt den Vergleich zwischen den berechneten und gemessenen Stempelkräften für die vier untersuchten Werkstoffe. Der maximale Fehler von 15 % tritt bei den kleinen Querschnittsänderungen auf, da hier durch das große h_o/d_o-Verhältnis die Aufnehmerreibung zu stark gewichtet wird.

4.6 Analytischer Ansatz zur Kraftabschätzung für das Napf-Rückwärts-Fließpressen

Die Ansätze von Dipper [70], Tirosh [71], Schmitt [72] und Storoschew [73] wurden auf ihre Brauchbarkeit untersucht. Alle Vorschläge übersteigen bei der Kraftberechnung in Abhängigkeit vom Werkstoff und der relativen Querschnittsänderung eine noch tolerierbare Fehlergrenze.

Die Ausbildung der Kraft über dem Umformweg ist abhängig davon, wie die Verdichtung des Werkstückes erfolgt. Diese wiederum ist abhängig von der relativen Querschnittsänderung ε_A (s. Abschnitt 4.1.2.2). Ein Ansatz auf der Grundlage der elementaren Plastizitätstheorie müßte diesem Einfluß Rechnung tragen.

Eine einfache und von dem auftretenden Fehler her tragbare Kraftabschätzung bietet der analytische Ansatz

$$\overline{p}_B = a \; H^m \; (d_o/d_i)^n \; (d_i/h_i)^k . \tag{19}$$

Dabei ist d_o der Rohteildurchmesser, d_i der Stempeldurchmesser und h_i die Höhe der Napfwand.

Die Konstanten ergeben sich zu:

$a = 120$

$m = 0,65$

$n = -1,93$

$k = 0,26$

Der Mittelwert des Betrags des relativen Fehlers ist < 10 %. der maximale Fehler beträgt 34%.

In Bild B 59 ist der Ansatz in Nomogrammform dargestellt. Zur Erläuterung ist ein Beispiel mit den unten angegebenen Daten eingezeichnet.

Werkstoff: ASC 100.29 + 2 % Ni + 0,15 % C

HB 2,5/62,5 = 90

d_o = 20,0 mm

d_i = 17,2 mm

h_i = 19,0 mm

berechnete Stempelkraft: 500 kN

gemessene Stempelkraft: 440 kN

5 Zusammenhang zwischen Härte und Vergleichsformänderung beim Voll-Vorwärts- und Napf-Rückwärts-Fließpressen

Beim Voll-Vorwärts-Fließpressen wurde für inkompressible Werkstoffe nachgewiesen, daß in einem relativ engen Streubereich eine Zuordnung zwischen Vergleichsformänderung und Härte erlaubt ist [5]. Ob diese gefundenen Beziehungen auch auf das Napf-Rückwärts-Fließpressen übertragen werden dürfen, ist bislang noch nicht überprüft worden.

Jedoch bei Näpfen wäre es eine Hilfestellung, wenn eine Abschätzung der Werkstoffeigenschaften über die Härteausbildung möglich wäre. Wenn ein Härtewert einer bestimmten Vergleichsformänderung entspricht, kann man davon ausgehen, daß dort in etwa die gleichen Werkstoffeigenschaften vorliegen, wie bei einem Schaft mit entsprechender Vergleichsformänderung.

In Bild B 60 ist der direkte Vergleich beim Voll-Vorwärts-Fließpressen zwischen Brinellhärte und Vergleichsformänderung ε_v dargestellt. Der Anstieg der Härte und entsprechend der von ε_v ist entlang der Werkstückachse relativ weich.

Die Bilder B 61 a und B 61 b zeigen die Höhenlinien von HB und ε_v beim Napf-Rückwärts-Fließpressen. Der Härteabfall im Bereich zwischen Stempelkante und Napfboden ist hier wesentlich stärker als beim Voll-Vorwärts-Fließpressen. Diesen Sachverhalt bestätigen auch die berechneten Vergleichsformänderungen.

Die örtlichen Vergleichsformänderungen weisen teilweise Sprünge auf, die einerseits bedingt sind durch die Meßfehler (jedes Teil wurde bis zur Endstufe 7 bis 8 Mal ausgemessen),andererseits durch die mathematische Näherung des instationären Umformvorganges. Um den zweiten Fehler zu minimieren, müßten die Umformstufen möglichst klein gehalten werden. Dadurch würde aber der Anteil der Meßfehler zunehmen.

In Bild B 62 ist der Zusammenhang zwischen Vergleichsformänderung und Brinellhärte für auf ASC 100.29 basierende Werkstoffe dargestellt. Es ist deutlich zu sehen, daß die Streuung der Werte vom Napf-Rückwärts-Fließpressen größer ist, als die der Werte vom Voll-Vorwärts-Fließpressen. Dennoch kann mit ausreichender Genauigkeit bei allen Werkstoffen eine Zuordnung vorgenommen werden.

Der Kurvenverlauf von ASC 100.29 entspricht nahezu dem von RZ 150 [5], so daß die dort gemachten Aussagen bezüglich des Einflusses des Matrizenöffnungswinkels auf die hier verwendeten Werkstoffe übertragen werden können. Mit größer werdendem Matrizenöffnungswinkel verschiebt sich die Kurve zu höheren Härtewerten. Dann müssen die Werte am oberen Streubereich entnommen werden. Bei kleineren Rohteildichten fällt die Kurve stark ab.

Das makroskopisch spröde Werkstoffverhalten von Sintereisen soll anhand der Bruchflächenausbildung verdeutlicht werden [45, 74].

Bild B 63 a zeigt die Anrißstelle in der Probenmitte eines gebrochenen Zugstabes aus ASC 100.29 ($\rho_{rel\ 0}$ = 0,9). Der vergrößerte Ausschnitt in Bild B 63 b läßt einen faserigen, durch interkristalline Trennung bedingten Bruch erkennen. Teilweise bleiben in der Bruchfläche einzelne Körner frei stehen (Bild B 63 c). Örtlich über die Bruchfläche verteilt gibt es dann wieder Stellen mit transkristallinem, zähem Gewaltbruch. Die Bilder B 63 a und B 63 d zeigen den für Sinterwerkstoffe typischen, makroskopisch verformungsarmen, mikroskopisch jedoch streckflächigen Bruch. An den glatten Korngrenzen ist gut zu erkennen, daß die Körner, bei denen vorher Poren vorhanden waren, nach der Umformung mit den Nachbarkörnern zwar oberflächlich Kontakt haben, aber keine gute metallische Verbindung zwischen ihnen besteht.

Bei dem mit 2 % Ni und 0,15 % C legierten Sintereisen ist die Ausbildung der Bruchfläche mit der des unlegierten Sintereisens vergleichbar. Eine Vergrößerung des Bruchflächenzentrums (Bild B 64 a) zeigt auch hier vereinzelte Korngrenzentrennungen, während in Bild B 64 b ebenfalls ein Bereich mit normal zähem Gewaltbruch zu sehen ist. Die bei 5000facher Vergrößerung (Bild B 64 c) zu erkennenden feinen Teilchen sind vermutlich Zementit.

Bei der Betrachtung der Bruchflächen des Werkstoffes mit 4 % Ni sind teilweise kugelige Ausscheidungen mit einem Durchmesser zwischen 0,5 und 2 µm zu erkennen (Bilder B 65 a, B 65 b). Die Analysen dieser Kügelchen mit der Mikrosonde führt zu dem Ergebnis, daß sie aus Vanadium, Chrom und Mangan bestehen. Die Kontrollanalyse der Matrix ergab nur Eisen und Nickel. Die Verunreinigungen waren ausschließlich in diesem Werkstoff zu finden, so daß sie mit Sicherheit nicht aus dem Basispulver ASC 100.29 herrührten. Der prozentuale Anteil dieser Verunreinigungen war allerdings so gering, daß sie kaum einen Einfluß auf das Werkstoffverhalten haben dürften.

Einen deutlich höheren Anteil an Verunreinigungen gegenüber dem ASC 100.29 hat der Werkstoff WPL 200 + 0,35 % P. Eine Analyse dieser teilweise in den Waben gelegenen Einschlüsse wies zusätzlich zu dem gewollten Legierungspartner Phosphor noch Silizium, Chrom und Mangan auf.

Bei den hochverdichteten Werkstoffen zeigt die gesamte Bruchfläche fast nur noch transkristallinen zähen Gewaltbruch, wobei sich an der Probenspitze ein "blumenkohlartiges" Gebilde ergibt (Bild B 66 a, B 66 b, Werkstoff ASC 100.29 + 2 % Ni + 0,15 % C $\rho_{rel\ 0} = 0{,}98$). Das bei diesem Werkstoff dennoch vorhandene makroskopisch relativ spröde Verhalten hat seine Ursache in den bereits im Rohteil vorhandenen Mikrorissen. Die Größenordnung dieser Risse wird aus den Bildern B 66 c und B 66 d ersichtlich (s. Abschnitt 3.1.3.1).

Den charakteristischen Bruch eines zweifachgesinterten Werkstoffes zeigt Bild B 67 a. Deutlich gliedert sich hier die Bruchfläche in die Bereiche zentraler Gewaltbruch in der Mitte und Scherbruch unter 45° am Rand. Die Rißauslösung erfolgte durch Verunreinigungen oder mangelhafte Sinterbrücken im Kratergrund (Bild B 67 b, B 67 c).

7 Folgerungen für die praktische Anwendung

Beim Kaltumformen von Sintermetallen müssen von der Verfahrensentwicklung her wesentlich mehr Parameter festgelegt werden, als dies bei der Verwendung herkömmlicher Werkstückwerkstoffe notwendig ist. Diese zusätzlichen Parameter bieten die Möglichkeit, die mechanischen Eigenschaften des Werkstückes gezielt zu beeinflussen.

Eine der wesentlichen frei wählbaren Größen ist die relative Dichte des Rohteils. Die technisch mögliche Spannweite von $\rho_{rel\ 0}$ liegt zwischen < 0,7 bis 0,98. Voraussetzung ist ein reines, hochkompressibles Pulver. Berücksichtigt man die erreichbaren Werkstoffkennwerte und die Schwierigkeiten, die beim Umformen von Rohteilen mit niedriger Dichte auftreten können, so reduziert sich der Bereich verfahrenstechnisch sinnvoller Rohteildichten für das Kaltumformen auf

$$\rho_{rel\ 0} = 0,9 \text{ bis } 0,98.$$

Wenn möglichst hohe statische Festigkeit angestrebt wird, sind relative Rohteildichten um 0,9 am günstigsten. Die Zähigkeitskennwerte liegen dann im untersten Bereich dessen, was mit den hier untersuchten Variationen erreichbar ist.

Mit einer Rohteildichte nahe der eines kompakten Werkstoffes sinkt die statische Festigkeit um ≈ 200 N/mm². Diese hochverdichteten Werkstoffe haben jedoch bessere Zähigkeitskennwerte.

Durch gute dynamische und statische Festigkeit bei einer für Sintereisen sehr guten Zähigkeit zeichnen sich die Werkstoffe aus, die nach der Zweifachsintertechnik hergestellt werden. Das Eigenschaftsprofil entspricht dem eines vergleichbaren erschmolzenen Werkstoffes bei leicht höheren Festigkeitswerten.

Einen maßgeblichen Einfluß auf das Werkstoffverhalten hat der örtliche Umformgrad. Dieser läßt sich in der Pulvermetallurgie über die Auslegung der Rohteilform leicht beeinflussen.

Wenn die Möglichkeit konstruktiv gegeben ist, können beim Voll-

Vorwärts-Fließpressen auch über die Größe des Matrizenöffnungswinkels 2 α die mechanischen Eigenschaften beeinflußt werden. Aus einem größeren Öffnungswinkel resultieren höhere örtliche Formänderungen, damit höhere Festigkeit und bei Sinterwerkstoffen auch bessere Duktilität. Dabei muß aber berücksichtigt werden, daß die benötigten Umformkräfte steigen und die Werkzeugbeanspruchung zunimmt. Die Beeinflussungsmöglichkeiten über den Matrizenöffnungswinkel sind nicht allzu groß.

Gewichtigen Einfluß auf das Verhalten von kaltumgeformten Sinterwerkstoffen hat die Sinteratmosphäre. Ausschlaggebend ist, ob dem Schutzgas Stickstoff beigegeben ist oder nicht.

In stickstofffreier Atmosphäre (Vakuum oder reiner Wasserstoff) gesinterte Grünlinge haben nach dem Fließpressen bei sonst gleichen Bedingungen ($\rho_{rel\ 0} = 0{,}9$, $\varphi = 1{,}4$) eine um ≈ 300 N/mm² niedrigere Festigkeit. Die Verbesserung hinsichtlich der Zähigkeit steht dazu in keinem Verhältnis. Dies bedeutet für die Praxis, daß beim Induktionssintern überprüft werden muß, ob über eine entsprechende Zusammensetzung des Schutzgases in der kurzen Sinterzeit genügend Stickstoff in den Grünling eingebracht werden kann.

Beim Zweifachsintern spielt es kaum eine Rolle, ob der Werkstoff konventionell oder induktiv nachgesintert wird. Nur bei der Kerbschlagzähigkeit ergeben sich größere Unterschiede, wobei dann das zweimalige Ofensintern besser abschneidet.

Eine wirtschaftlich interessante Methode zur Beeinflussung der mechanischen Kennwerte bietet das Spannungsarmglühen. Außer der Kerbschlagzähigkeit entspricht das mechanische Verhaltensprofil dem eines mit der Zweifachsintertechnik hergestellten Werkstoffes. Je nachdem, ob bei 400 °C oder 550 °C geglüht wird, kann der Verlust bei der Festigkeit minimal gehalten oder aber die Zähigkeit stärker verbessert werden.

Das Normalisieren gleicht in seiner Auswirkung einem zweiten Sinterprozeß und ist nur dann angebracht, wenn das Formänderungsvermögen des Werkstoffes erschöpft und zur Erreichung der Endform ein weiterer Umformvorgang vonnöten ist. Da aber bei der Sintertechnologie die Vorform sehr gut an die Fertigform angenähert werden kann, dürfte im allgemeinen das Formänderungsvermögen des Werkstoffes ausreichen.

In Bild T 11 sind die Auswirkungen der einzelnen Verfahren auf die Werkstoffkennwerte dargestellt. Für das Spannungsarmglühen wurde der Bereich angelegt, in dem die Kennwerte in Abhängigkeit von der Glühtemperatur variieren. Für 400 °C gelten bei der Festigkeit die obere und bei den Verformungskennwerten die untere Begrenzung, für 550 °C entsprechend umgekehrt.

Tendenziell können die verfahrensbedingten Einflüsse auf die legierten Werkstoffe übertragen werden. Wie sich ein wesentlich kleinerer Umformgrad auf den Einfluß der einzelnen Verfahren auswirkt, konnte nicht untersucht werden, da es bei den dünnen Rohteilen, bedingt durch das große h_o/d_o-Verhältnis, nicht möglich war, hochverdichtete Teile herzustellen.

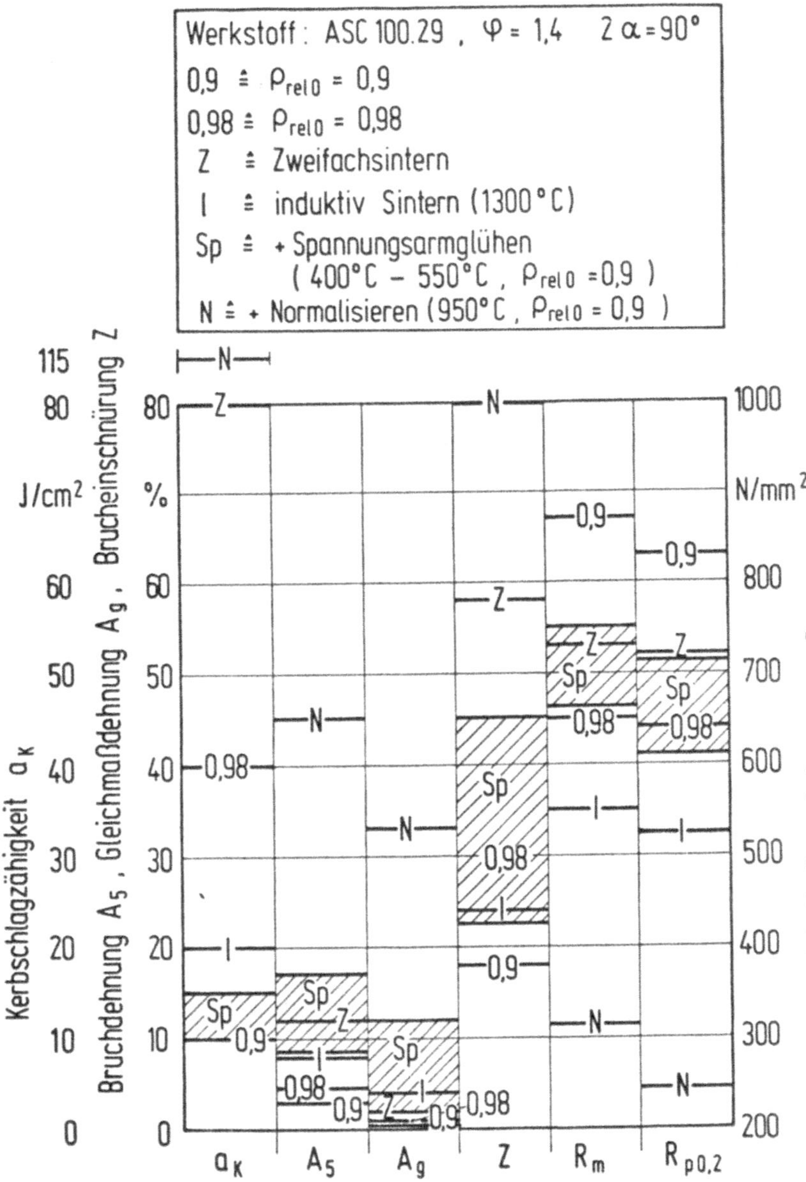

Bild T 11: Erzielbare Werkstoffeigenschaften von kaltumgeformtem ASC 100.29.

Durch die Poren und daraus resultierende verfahrensspezifische Auswirkungen hat kaltumgeformtes Sintereisen ein anderes Werkstoffverhalten als es von konventionellen Fließpreßteilen her bekannt ist. Bei vergleichbarer Werkstoffzusammensetzung und identischen Werkzeugen wird höhere Festigkeit, verbunden mit geringer Zähigkeit, erreicht. Ziel der vorliegenden Arbeit war es, zu untersuchen, wie sich die für Sinterwerkstoffe charakteristische schlechte Zähigkeit in Abhängigkeit der Parameter Basispulver, Legierungselemente, Rohteildichte, Sinterbedingung und zusätzlicher Wärmebehandlung beeinflussen läßt.

Über die höhere Reinheit des Basispulvers und durch die Legierungselemente Nickel, Phosphor und Kohlenstoff läßt sich die Festigkeit erhöhen. Die Duktilität kann jedoch nur in geringem Maße verbessert werden.

Als stark festigkeitssteigerndes Legierungselement muß als Ergebnis der vorliegenden Arbeit der Stickstoff betrachtet werden. Dessen Fehlen macht sich beim Induktionssintern von Rohteilen für die Kaltumformung bemerkbar.

Insgesamt gute mechanische Eigenschaften erhält man mit zweifach gesinterten Rohteilen oder durch eine sich an die Kaltumformung anschließende Wärmebehandlung. Die gewünschten Werkstoffkennwerte können so in einem weiten Bereich eingestellt werden.

Die Biegewechselfestigkeit entspricht allgemein in ihrem Verhältnis zur Zugfestigkeit nahezu der eines konventionellen Werkstoffes unter gleichen Umformbedingungen.

In einer Versuchsreihe über das Napf-Rückwärts-Fließpressen ergaben sich bei keinem der untersuchten Parameter werkstoffbedingte Ausfälle.

Mit Hilfe visioplastischer Untersuchungen wurde die Dichteverteilung und die örtliche Vergleichsformänderung beim Voll-Vorwärts- und Napf-Rückwärts-Fließpressen bestimmt.

Der Zusammenhang zwischen örtlicher Formänderung und Brinellhärte zeigt nur geringe Streuungen. Dies erlaubt beim Napf-Rückwärts-Fließpressen, die örtliche Härte mit Werkstoffkennwerten zu verknüpfen, die beim Voll-Vorwärts-Fließpressen ermittelt wurden.

Zur Berechnung der Stempelkräfte wurde sowohl für das Voll-Vorwärts- als auch Napf-Rückwärts-Fließpressen ein analytischer Ansatz erstellt, der der höheren Werkstoffverfestigung von Sintereisen, bedingt durch die Vorgänge der Verfestigung und Kaltverschweißung, Rechnung trägt.

Für eine schnelle und genaue Abschätzung der maximal auftretenden Kräfte beim Voll-Vorwärts-Fließpressen wurde ein Lösungsansatz nach dem Verfahren der "oberen Schranke" in Nomogrammform dargestellt. Die maximale Abweichung vom Meßwert betrug 15 %.

Rasterelektronenmikroskopische Untersuchungen an Brüchen von Zugstäben dienten zur Deutung und Klärung des makroskopisch spröden Verhaltens von Sinterwerkstoffen.

Die Ergebnisse zeigen, daß das Kaltumformen von Sintermetallen heute keine technischen Probleme mehr bietet. Durch die neuen hochkompressiblen Pulver, verbunden mit entsprechenden Legierungselementen, kann ein den schmelzmetallurgischen Werkstoffen teilweise überlegenes Werkstoffverhalten erzielt werden. Voraussetzung ist, daß auch ein den gewünschten Werkstoffeigenschaften gemäßer optimaler Verfahrensweg ausgewählt wird. Wirtschaftlich eingesetzt können diese Verfahren allerdings nur dann werden, wenn die Vorteile der Pulvermetallurgie voll zur Geltung kommen. Dies sind Einsparung von Umformstufen und evtl. notwendigen Zwischenwärmebehandlungen durch eine dem Fertigteil stark angenäherte Rohteilform und eine erhöhte Werkstoffeinsparung (z. B. bei Hohlteilformen).

Grundlegend könnte sich das Bild dann ändern, wenn, bedingt durch die geringeren Energieaufwendungen bei der Pulverherstellung, das Kostenverhältnis zum schmelzmetallurgischen Werkstoff günstiger wird.

9 Bilder und Tabellen

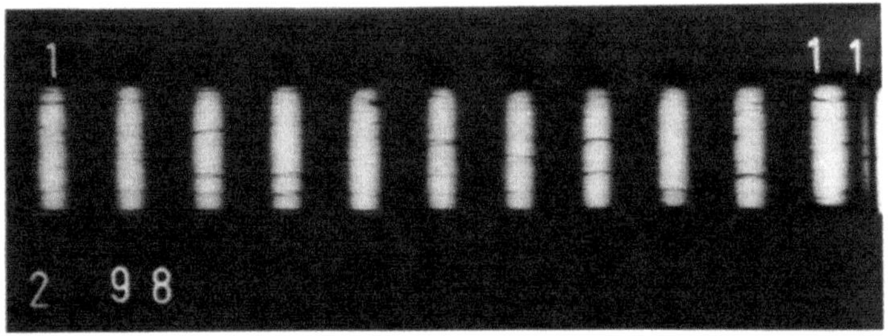

Werkstofff: ASC 100.20 + 2% Ni + 0,15% C, ρ_{rel0} = 0,98.

Werkstoff: ASC 100.29, ρ_{rel0} = 0,98.

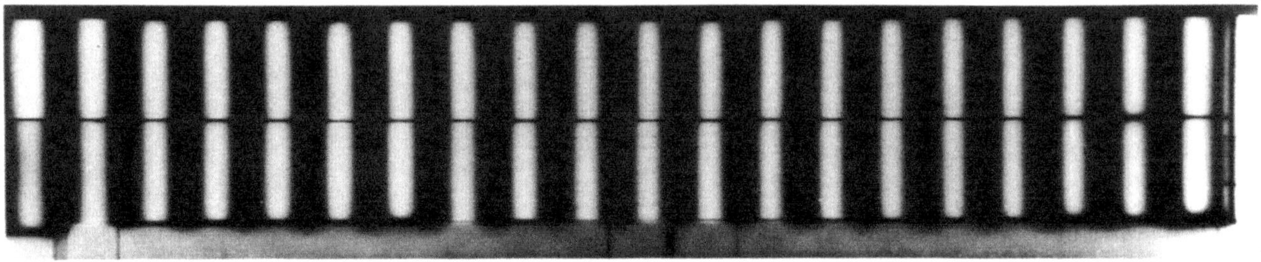

Werkstoff: ASC 100.29 + 4% Ni, ρ_{rel0} = 0,98

Bild B 1: Röntgenaufnahmen zur Rißüberprüfung von hochverdichteten Rohteilen.

Bild B 2: Werkstoffversagen von hochverdichteten Rohteilen beim Voll-Vorwärts-Fließpressen.

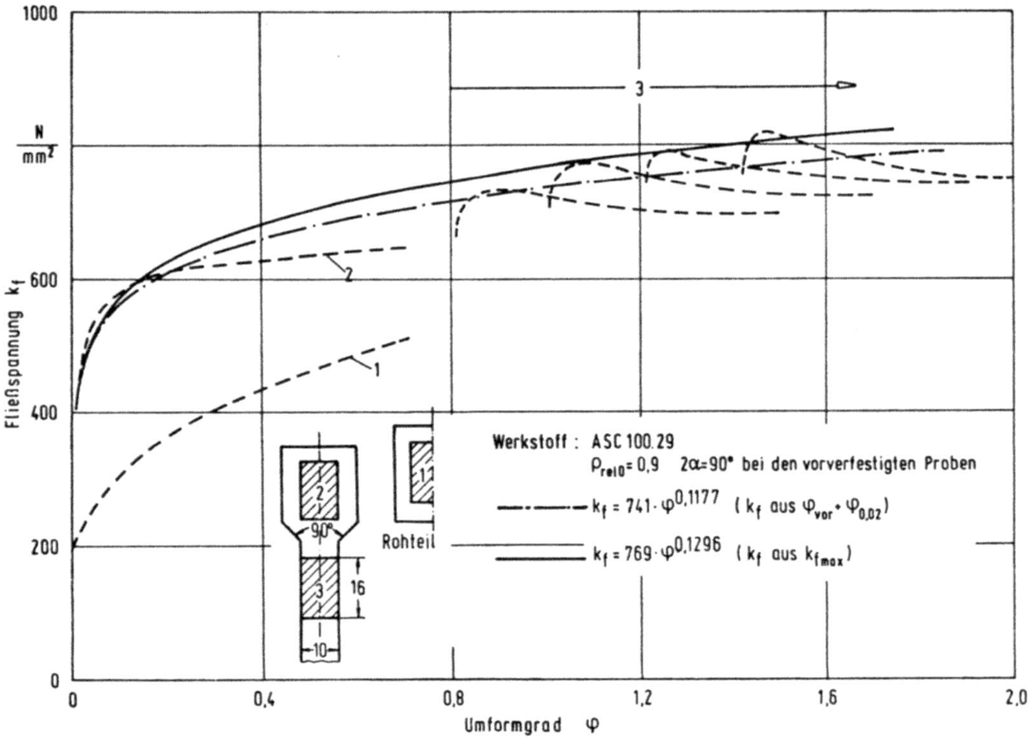

Bild B 3: Abhängigkeit des Fließkurvenverlaufs von der Vorverfestigung.

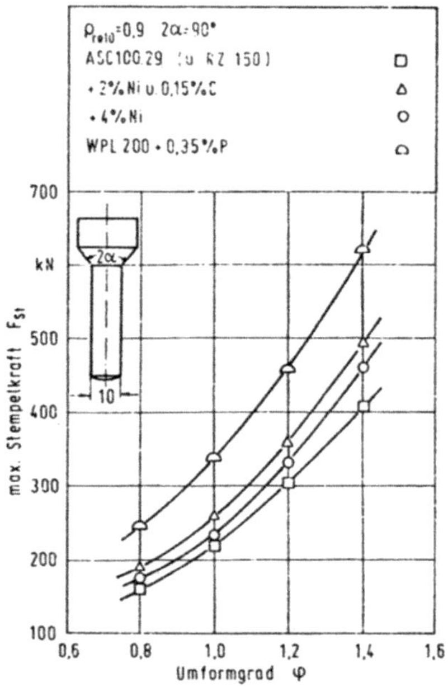

Bild B 4: Umformkraft in Abhängigkeit vom Werkstoff und Umformgrad.

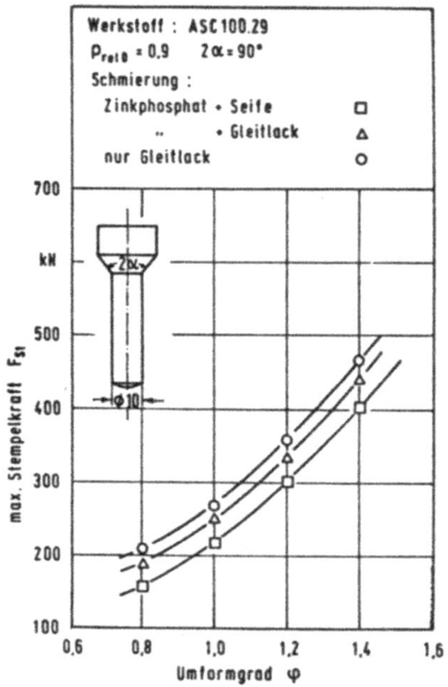

Bild B 5: Umformkraft in Abhängigkeit von der Oberflächenbehandlung.

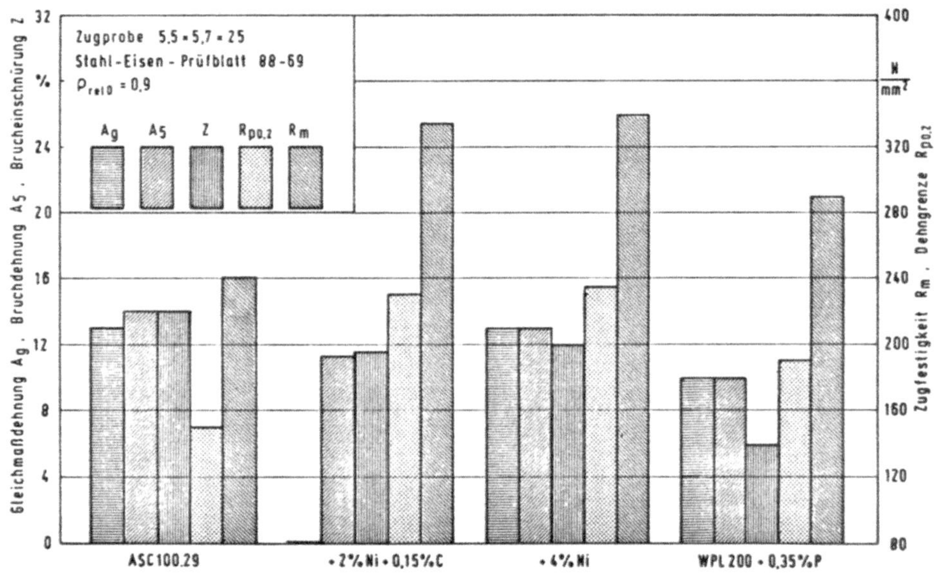

Bild B 6: Festigkeits- und Dehnungswerte der Versuchswerkstoffe.

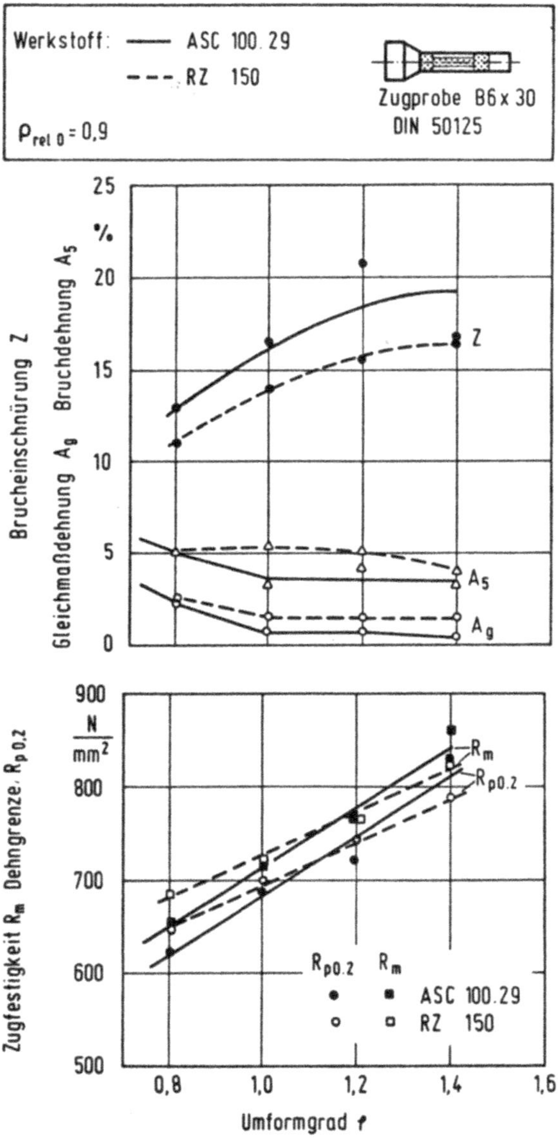

Bild B 7: Vergleich der Festigkeits- und Dehnungseigenschaften der Werkstoffe ASC 100.29 und RZ 150.

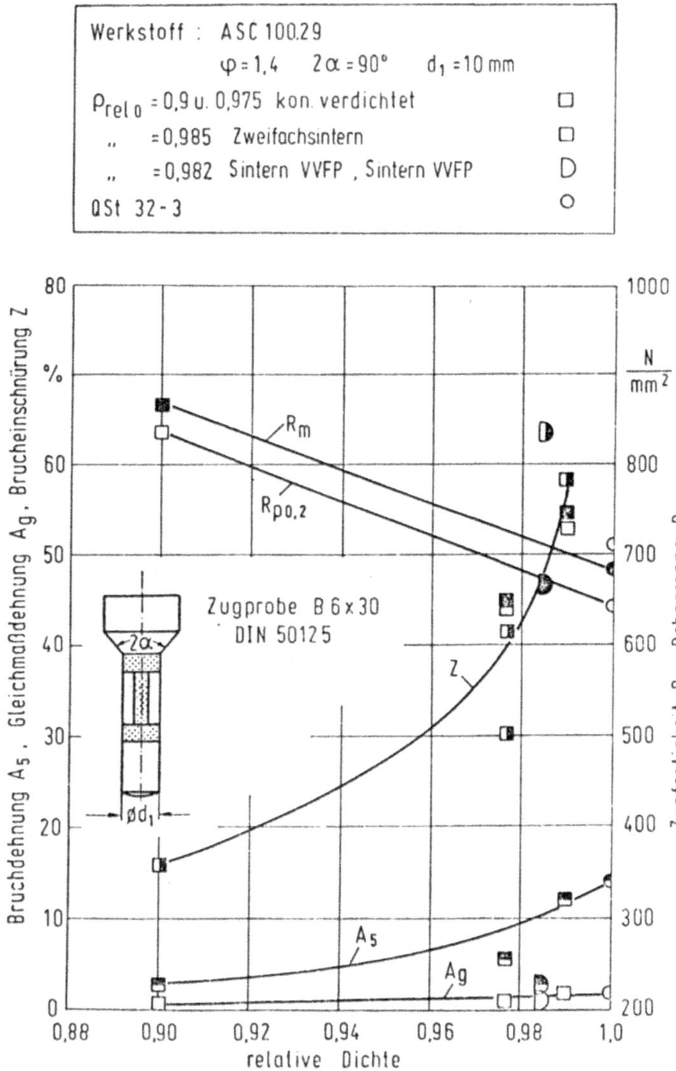

Bild B 8: Einfluß der relativen Rohteildichte auf die Werkstoffeigenschaften.

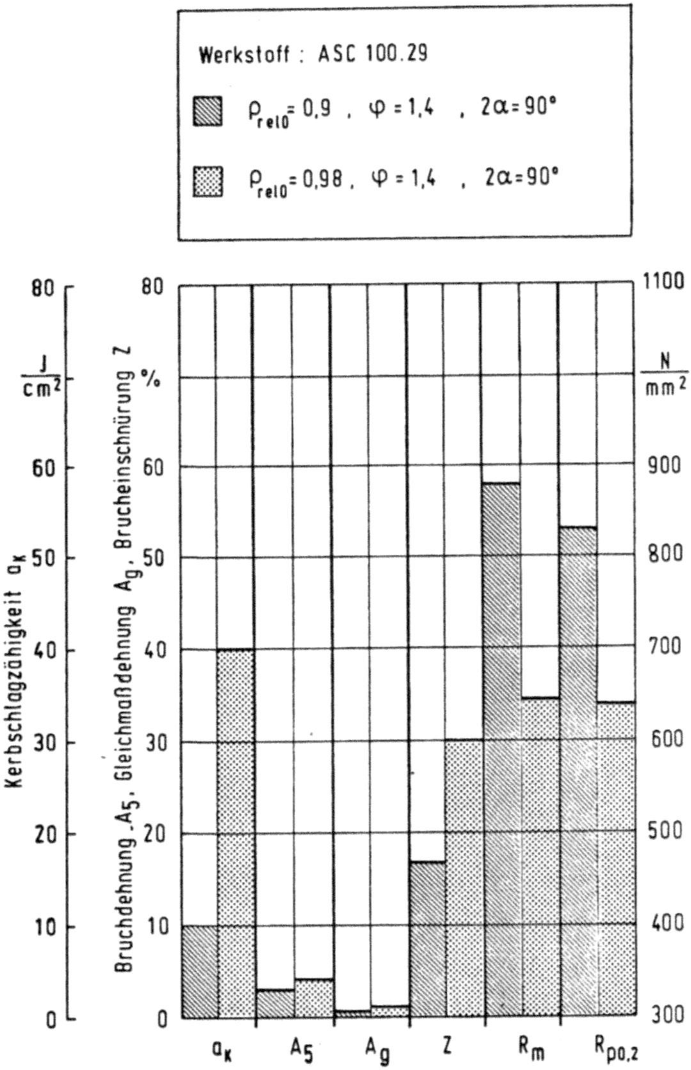

Bild B 9: Festigkeits- und Dehnungswerte in Abhängigkeit von der relativen Rohteildichte.

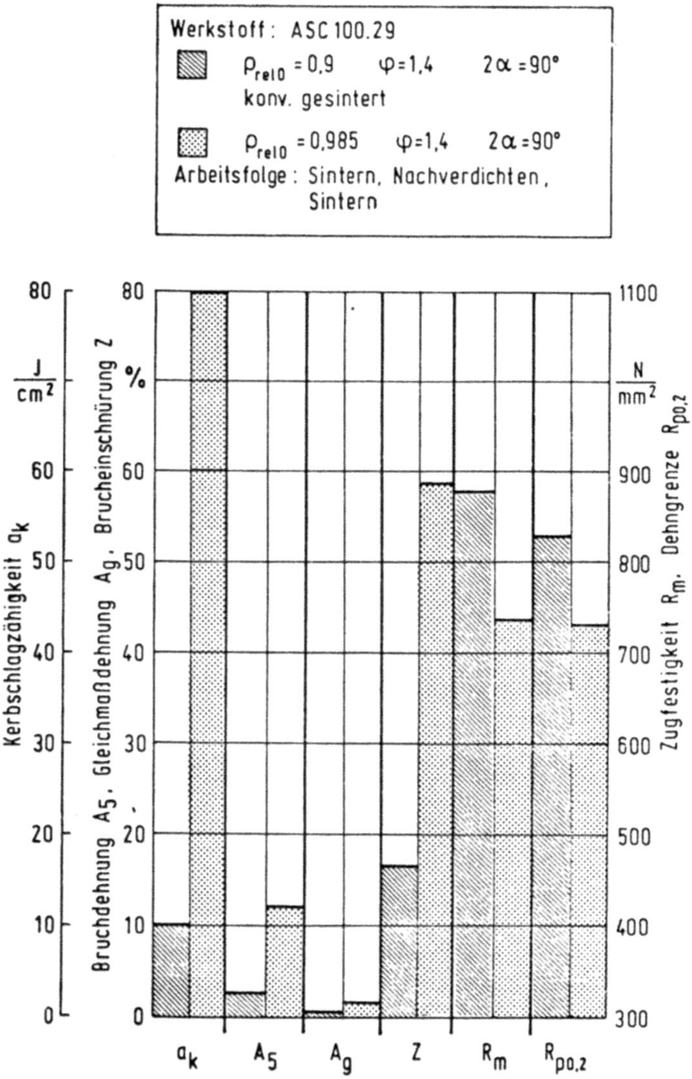

Bild B 10: Einfluß der Einfach- und Zweifachsintertechnik auf das Werkstoffverhalten.

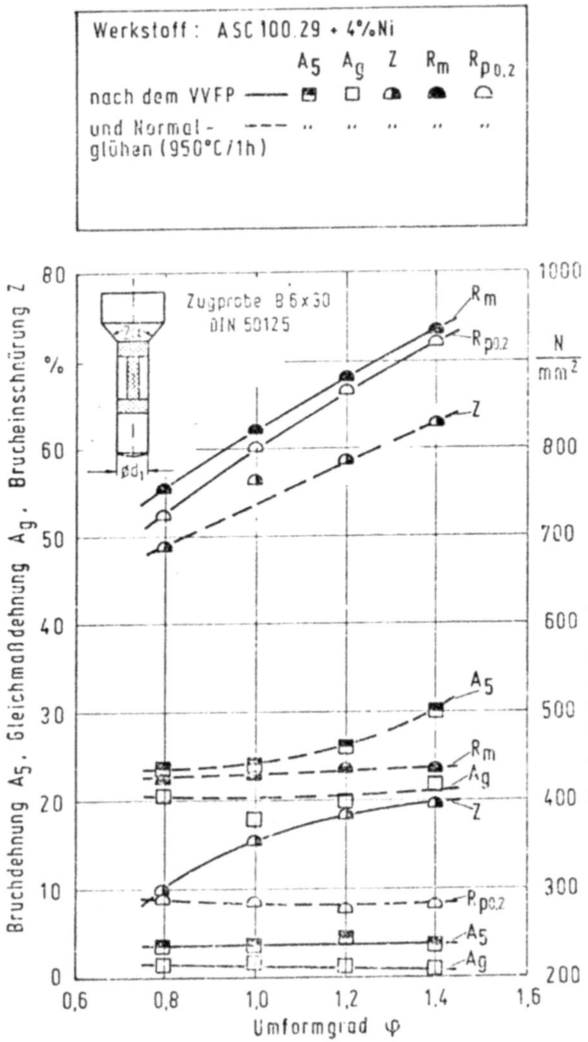

Bild B 11: Abhängigkeit der Festigkeits- und Dehnungswerte vom Umformgrad und die Auswirkungen einer zusätzlichen Wärmebehandlung.

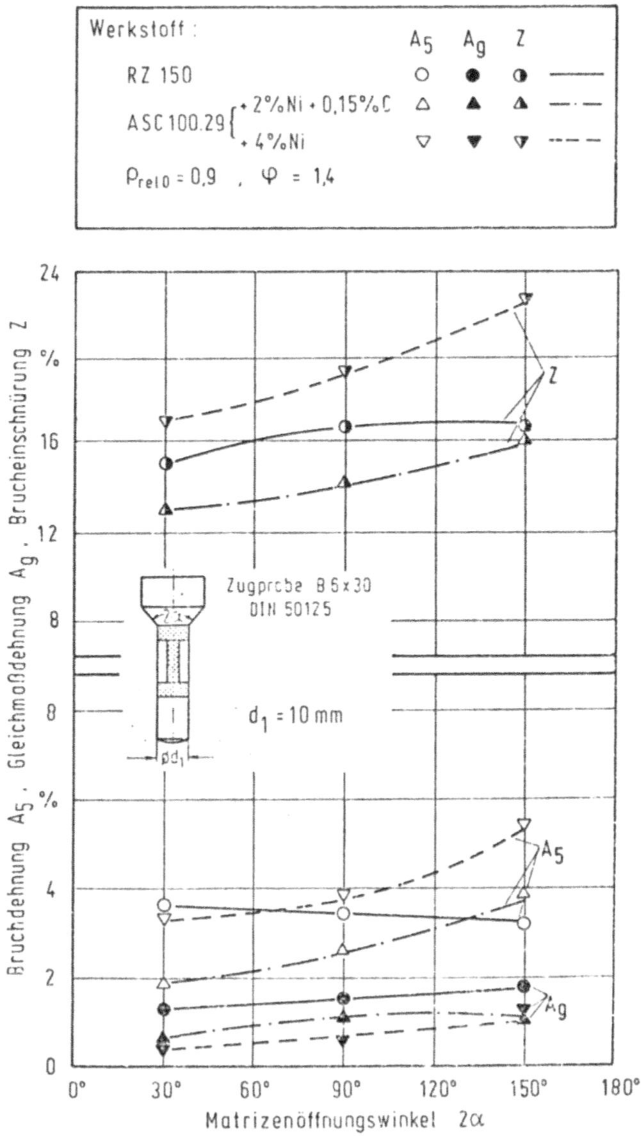

Bild B 12: Abhängigkeit der Dehnungswerte vom Matrizenöffnungswinkel.

Werkstoff: ASC 100.29 + 4 % Ni

φ = 1,4 , 2α = 90° , d_1 = 10 mm

$\rho_{rel\,0}$ = 0,9 u. 0,975 konv. verdichtet

$\rho_{rel\,0}$ = 0,985 Zweifachsintern

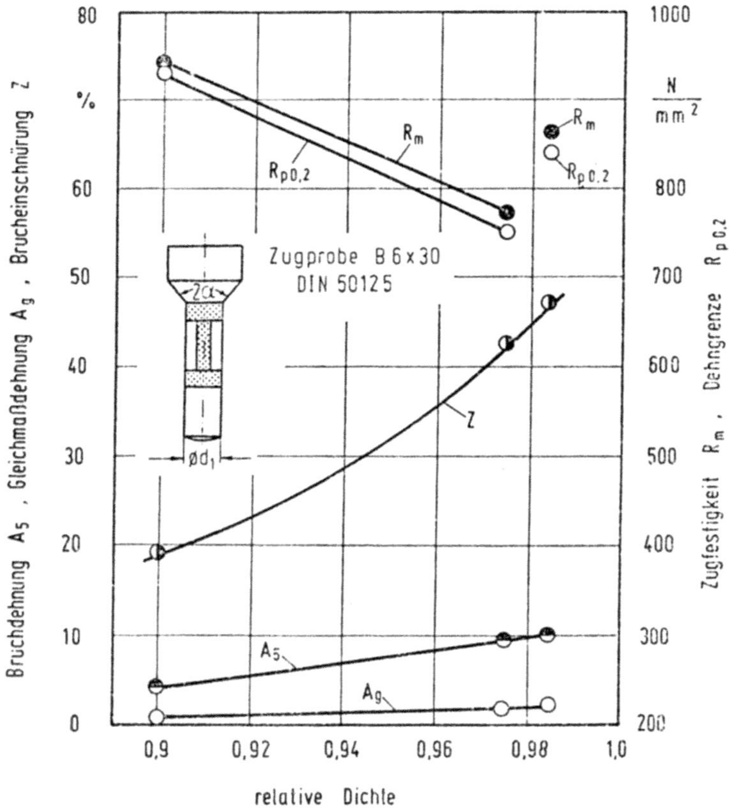

Bild B 13: Einfluß der relativen Rohteildichte auf die Werkstoffeigenschaften.

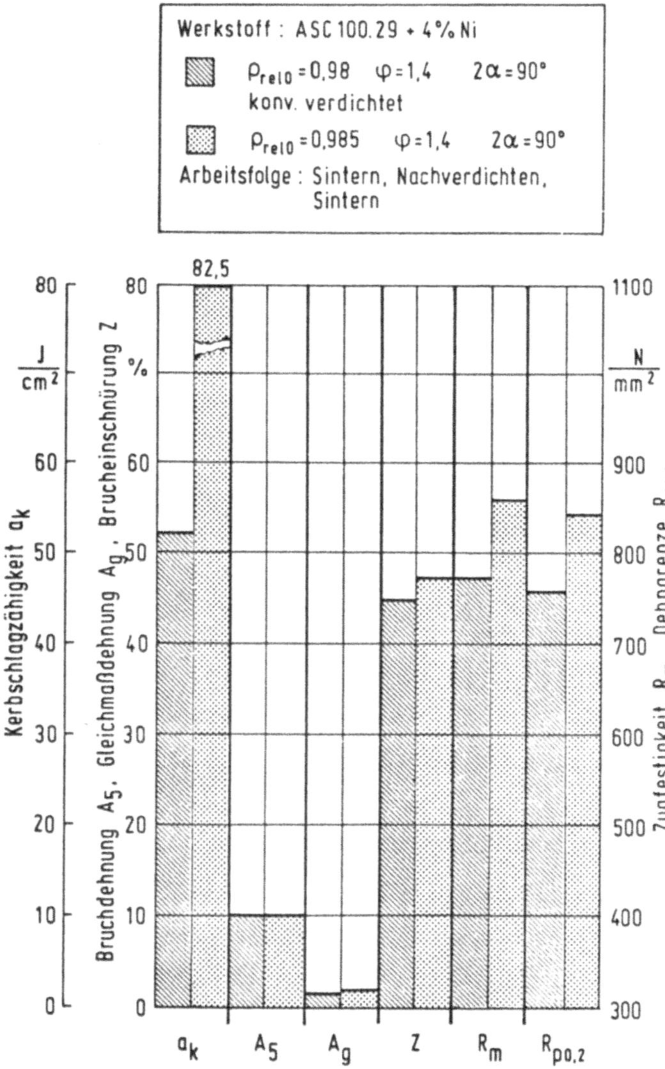

Bild B 14: Vergleich zwischen hochverdichteten und zweifachgesinterten Teilen.

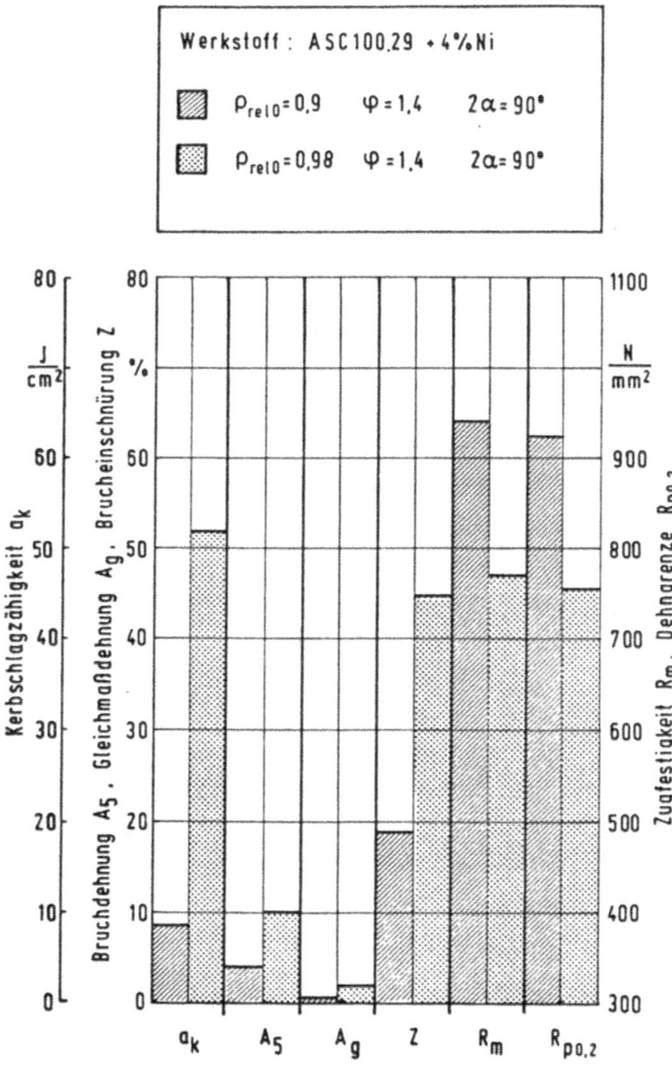

Bild B 15: Festigkeits- und Dehnungswerte in Abhängigkeit von der relativen Rohteildichte.

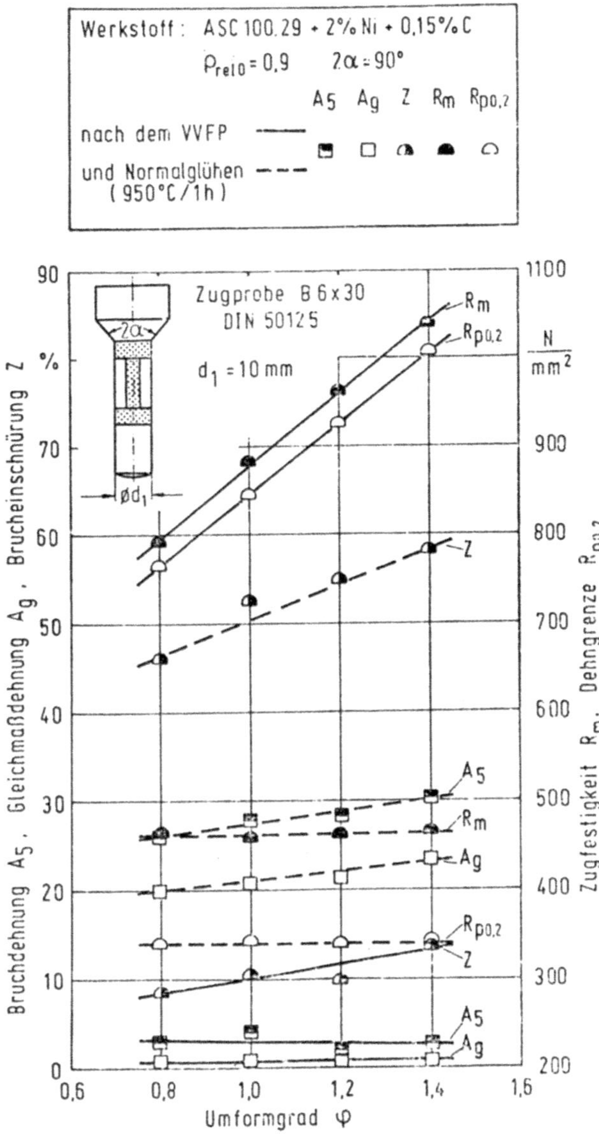

Bild B 16: Abhängigkeit der Festigkeits- und Dehnungswerte vom Umformgrad und die Auswirkungen einer zusätzlichen Wärmebehandlung.

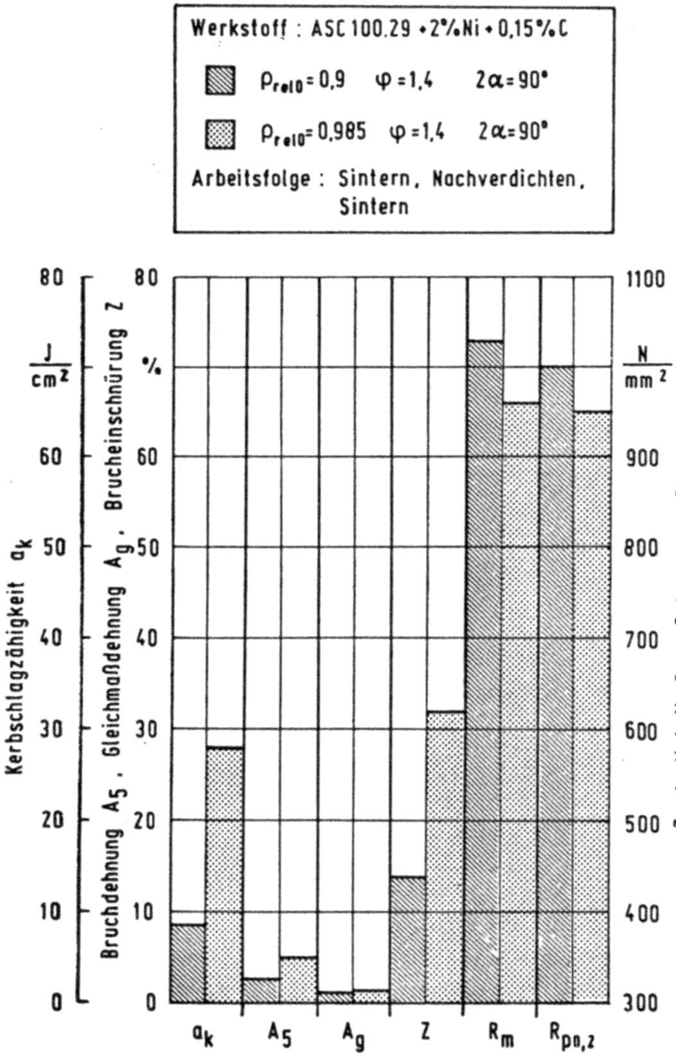

Bild B 17: Einfluß der Einfach- und Zweifachsintertechnik auf die Werkstoffeigenschaften.

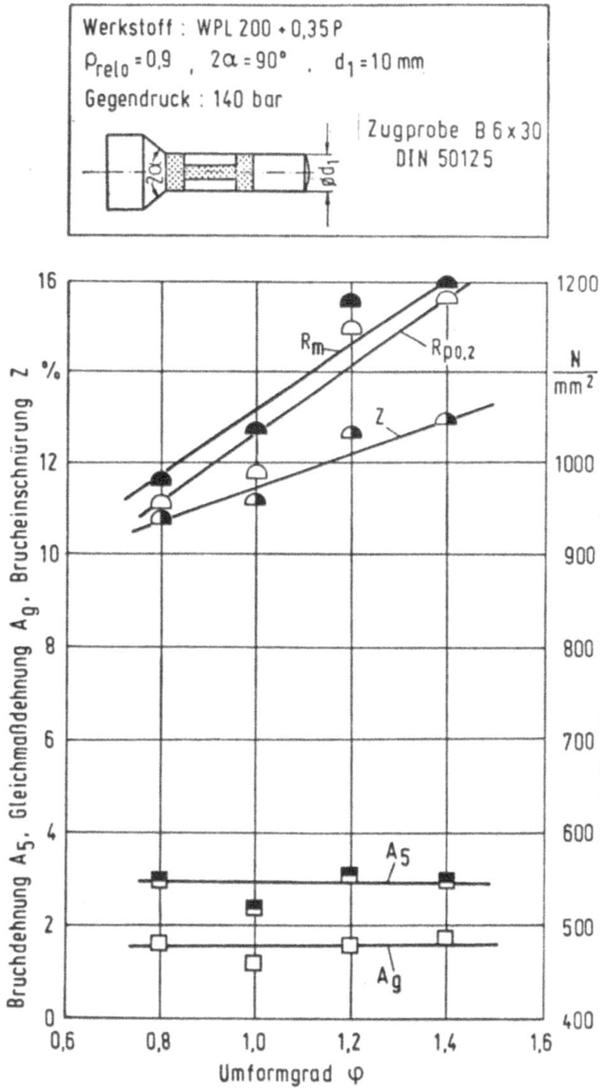

Bild B 18: Abhängigkeit der Festigkeits- und Dehnungswerte vom Umformgrad.

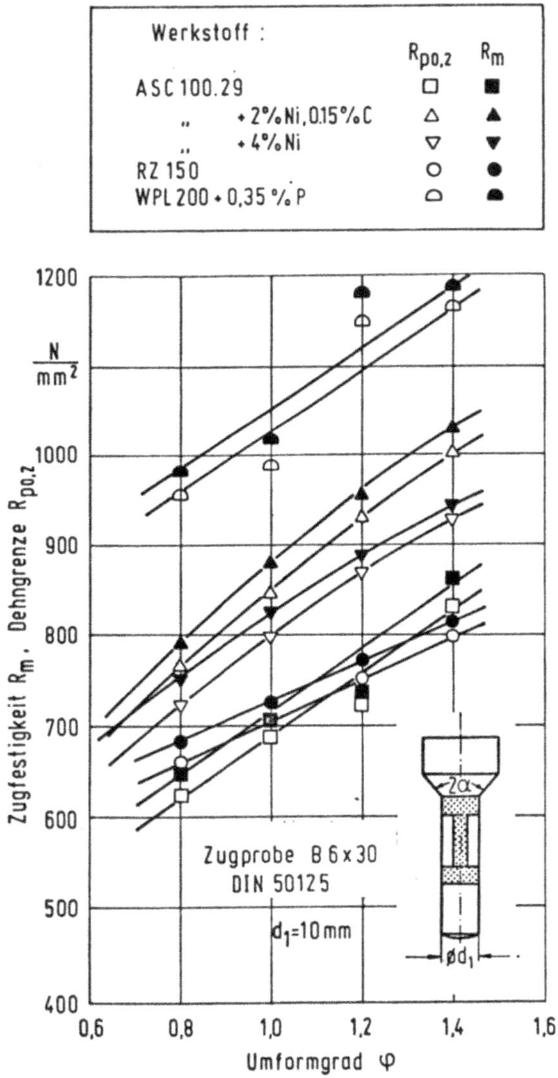

Bild B 19: Zugfestigkeit und Dehngrenze der Versuchswerkstoffe in Abhängigkeit vom Umformgrad.

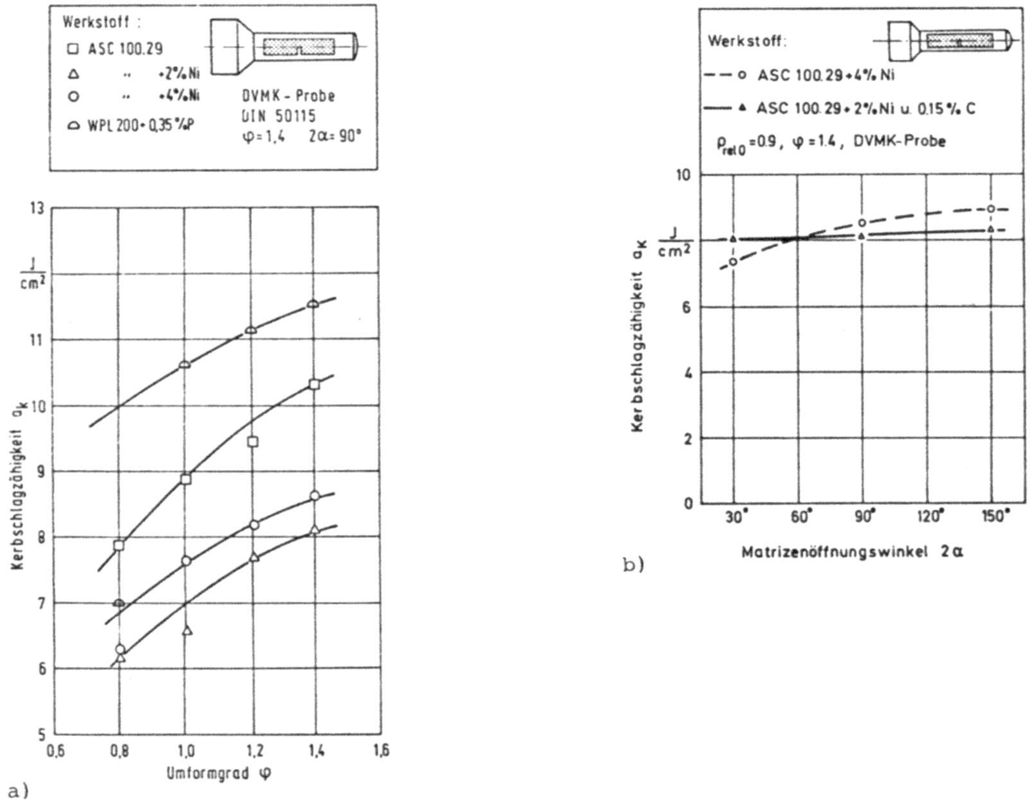

Bild B 20: Kerbschlagzähigkeit der Versuchswerkstoffe in Abhängigkeit a) vom Umformgrad, b) vom Matrizenöffnungswinkel.

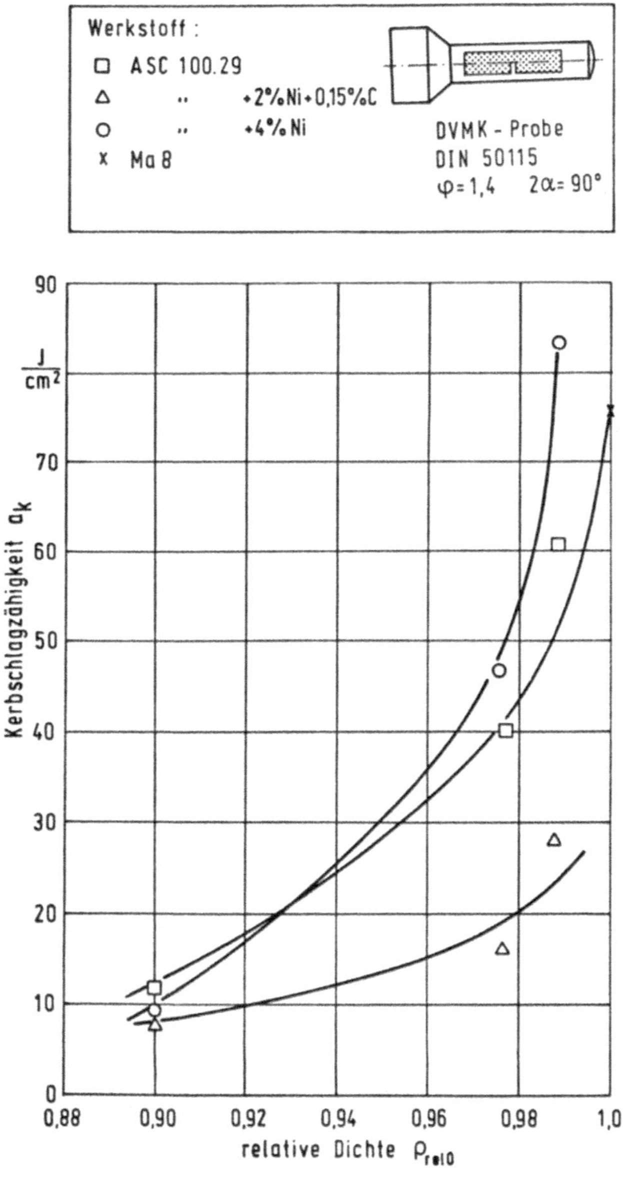

Bild B 21: Abhängigkeit der Kerbschlagzähigkeit von der relativen Rohteildichte.

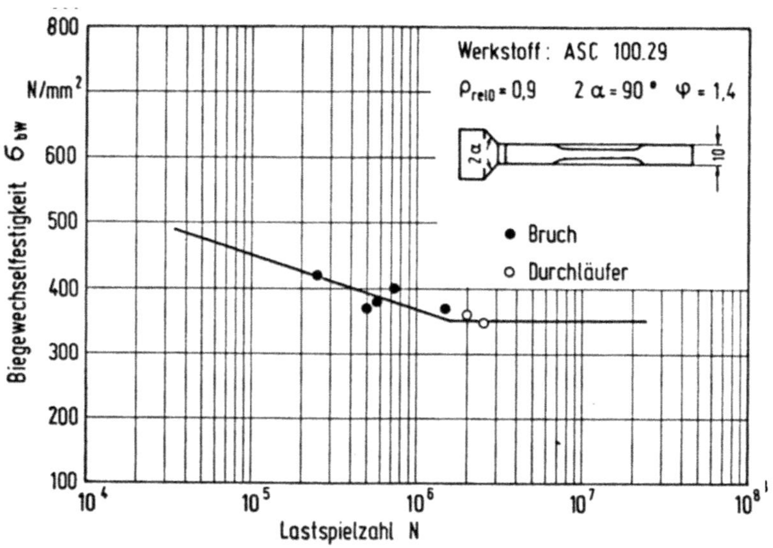

Bild B 22: Biegewechselfestigkeit von ASC 100.29 $\rho_{rel\ 0}$ = 0,9.

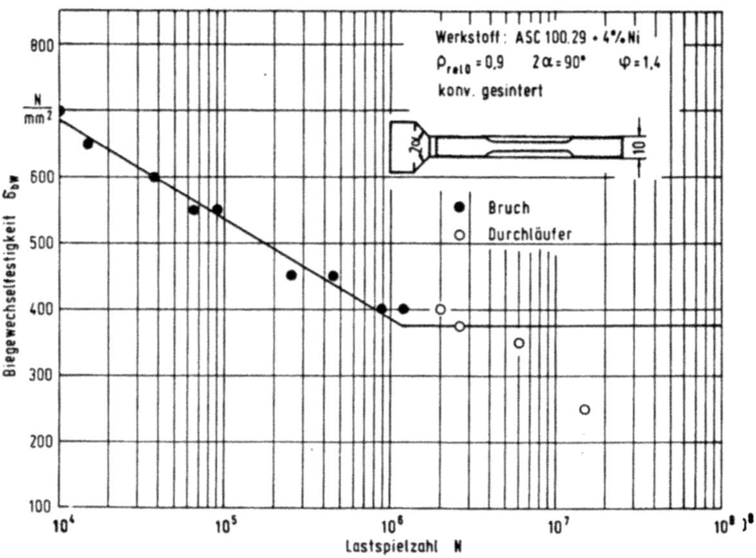

Bild B 23: Biegewechselfestigkeit von ASC 100.29 + 4 % Ni.
$\rho_{rel\ 0}$ = 0,9.

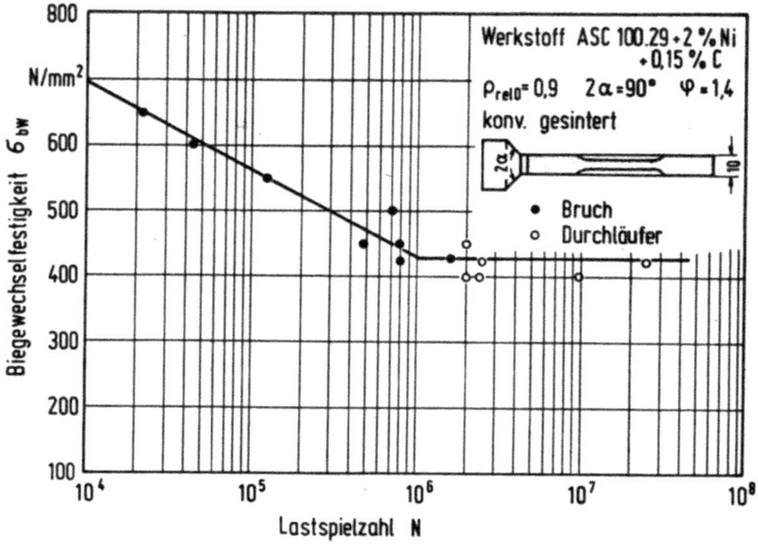

Bild B 24: Biegewechselfestigkeit von ASC 100.29 + 2 % Ni + 0,15 % C. $\rho_{rel\ 0} = 0,9$.

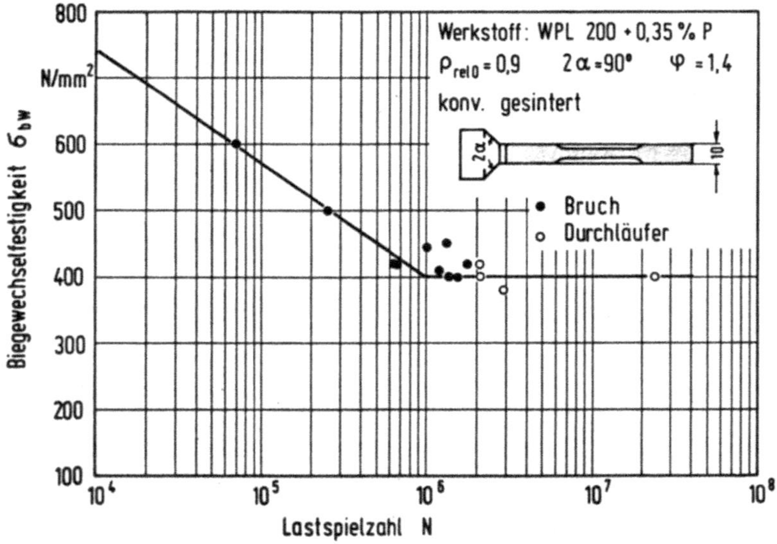

Bild B 25: Biegewechselfestigkeit von WPL 200 + 0,35 % P. $\rho_{rel\ 0} = 0,9$.

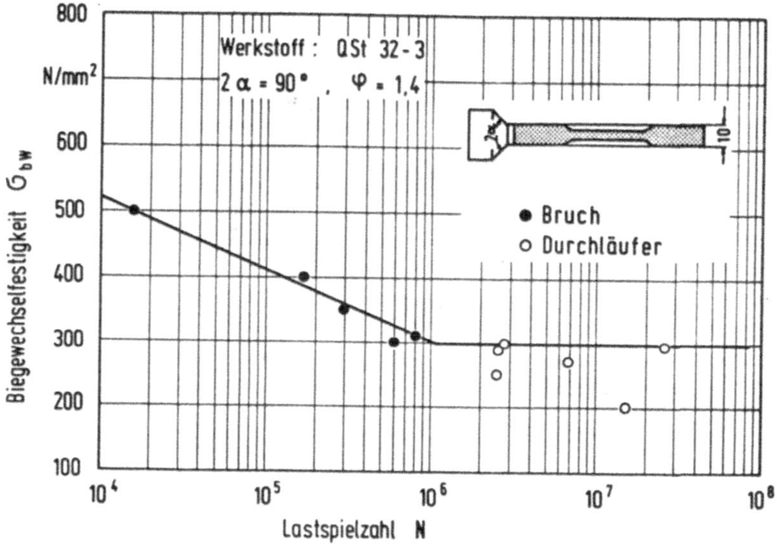

Bild B 26: Biegewechselfestigkeit von QSt 32-3.

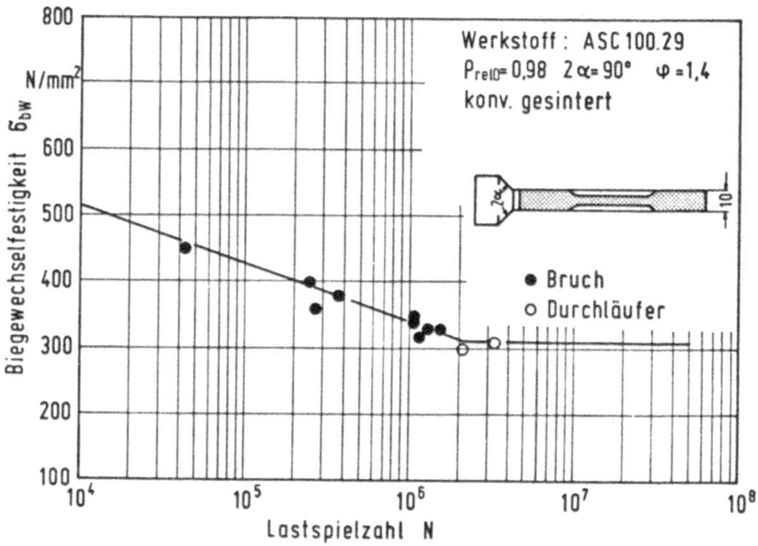

Bild B 27: Biegewechselfestigkeit von ASC 100.29. $\rho_{rel\ 0} = 0{,}98$.

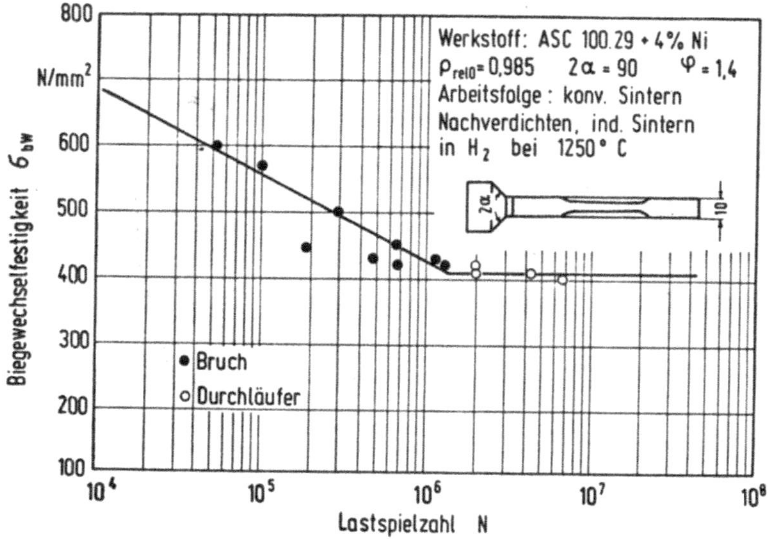

Bild B 28: Biegewechselfestigkeit von ASC 100.29 + 4 % Ni. $\rho_{rel\ 0}$ = 0,985.

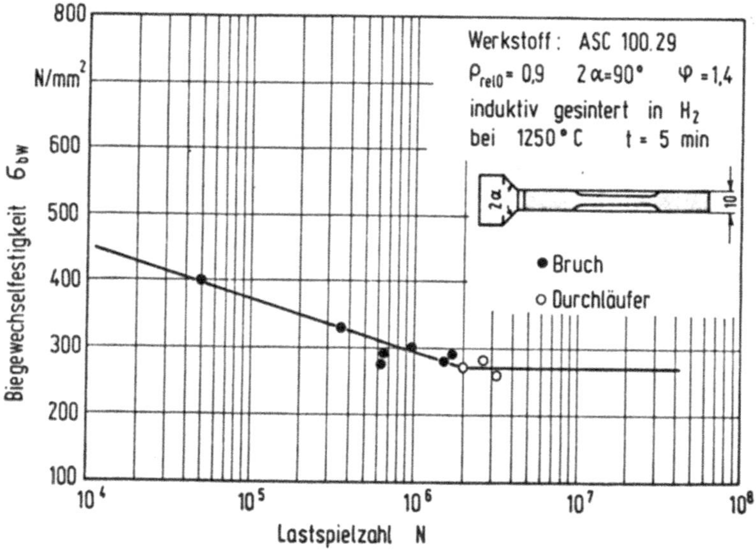

Bild B 29: Biegewechselfestigkeit von induktiv gesinterdem Werkstoff aus ASC 100.29 ($\rho_{rel\ 0}$ = 0,9).

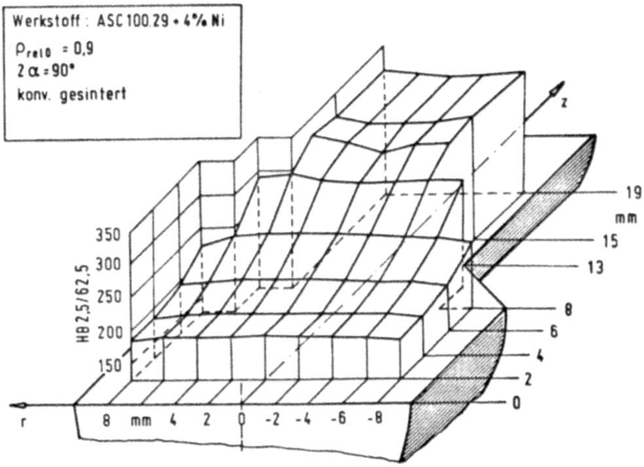

Bild B 30: Härteverteilung nach dem Voll-Vorwärts-Fließpressen.

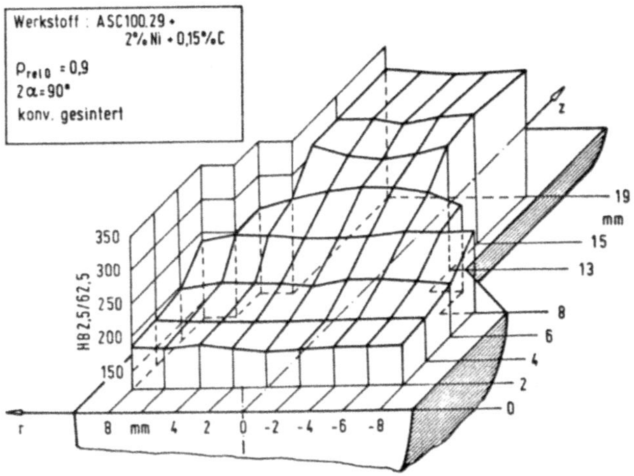

Bild B 31: Härteverteilung nach dem Voll-Vorwärts-Fließpressen.

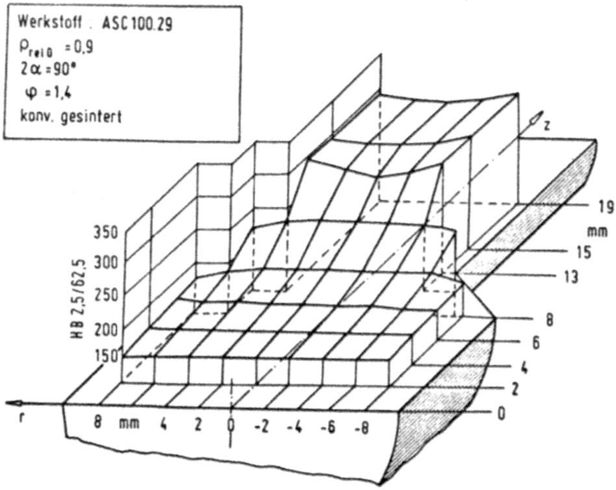

Bild B 32: Härteverteilung nach dem Voll-Vorwärts-Fließpressen.

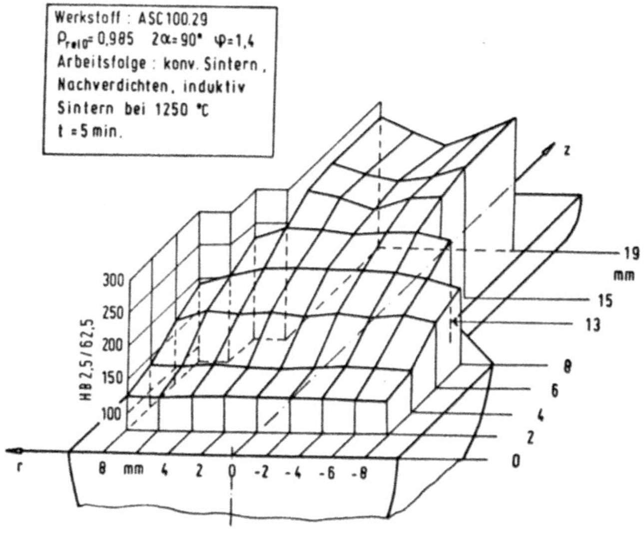

Bild B 33: Härteverteilung nach dem Voll-Vorwärts-Fließpressen, $\rho_{rel\,0} = 0{,}985$.

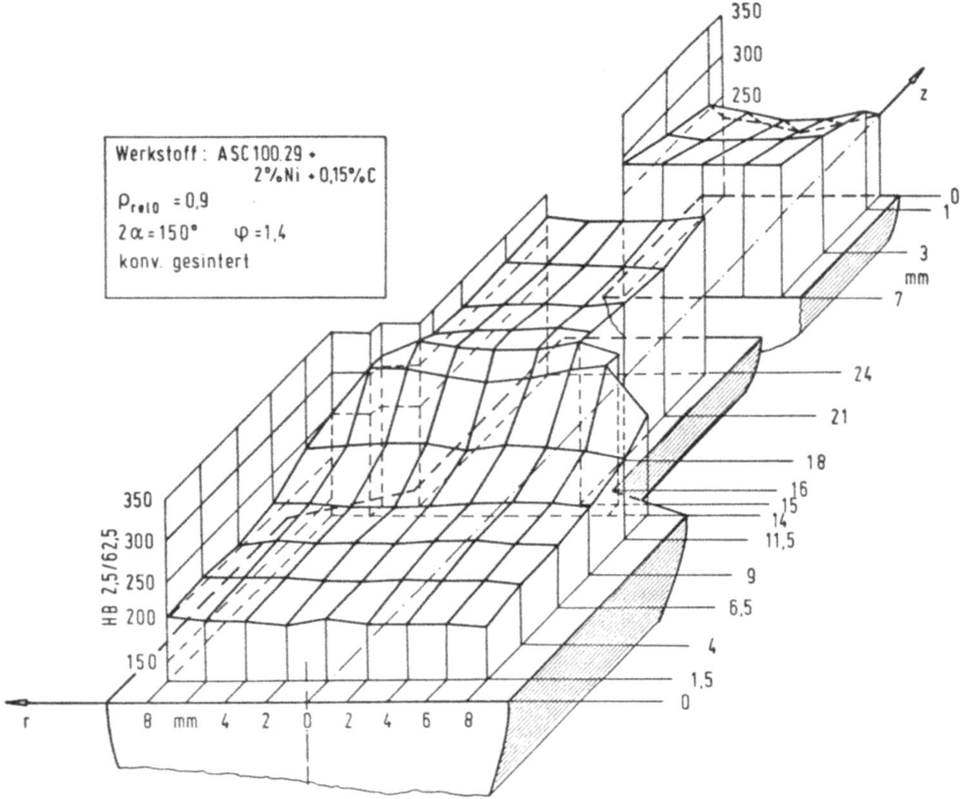

Bild B 34: Härteverteilung nach dem Voll- Vorwärts- Fließpressen, 2α =150°.

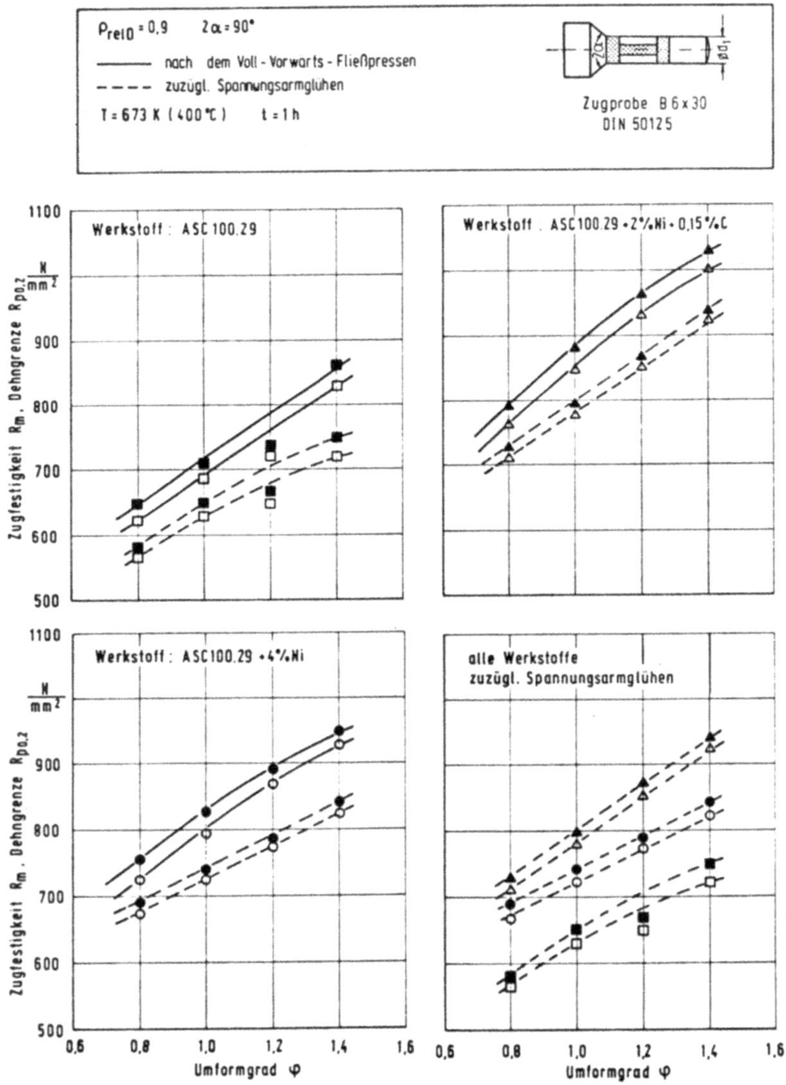

Bild B 35: Einfluß von Spannungsarmglühen auf die Festigkeitswerte.

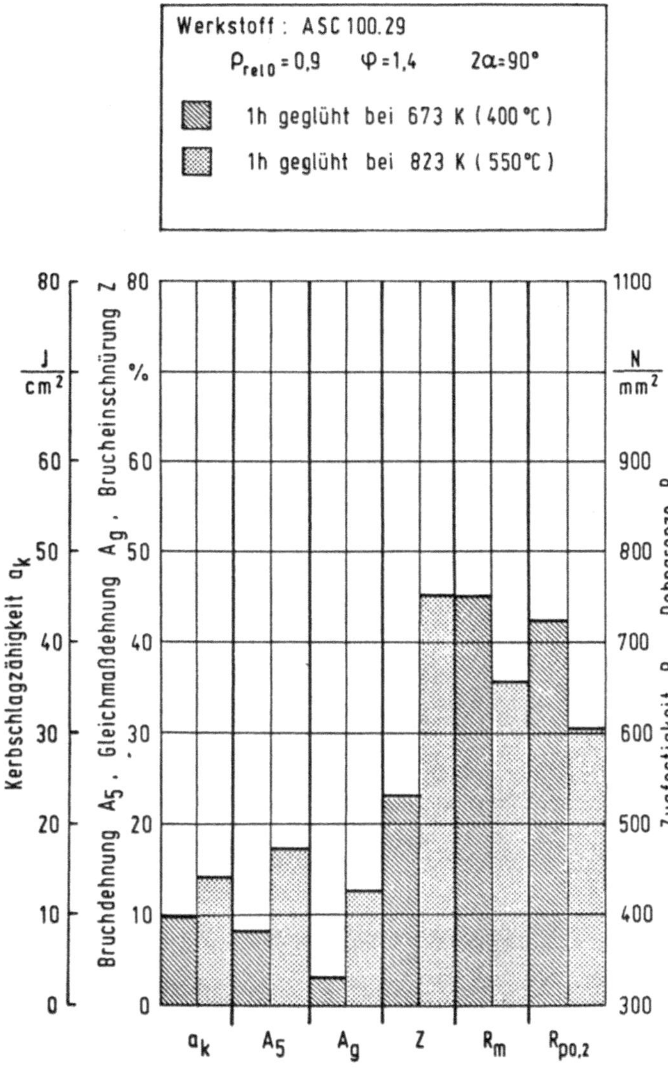

Bild B 36: Auswirkungen der Glühtemperatur beim Spannungsarmglühen auf die Werkstoffkennwerte.

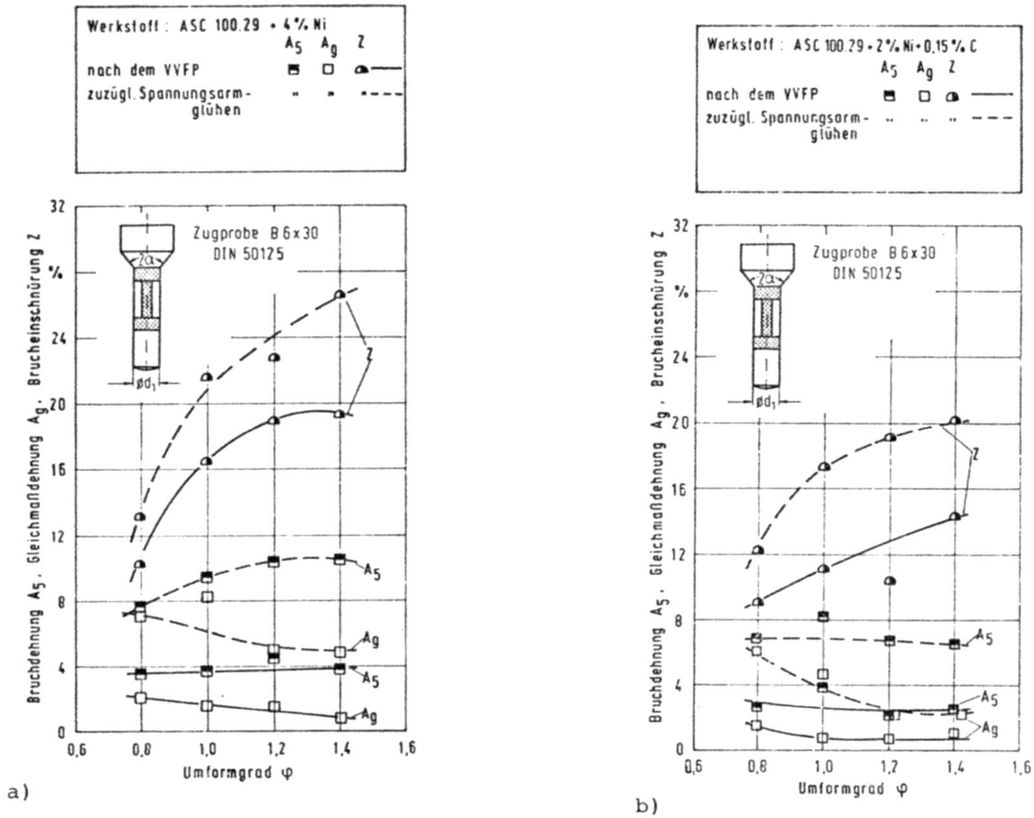

Bild B 37: Änderung der Dehnungswerte nach dem Spannungsarmglühen a) ASC 100.29 + 4% Ni, b) ASC 100.29 + 2% Ni + 0,15% C.

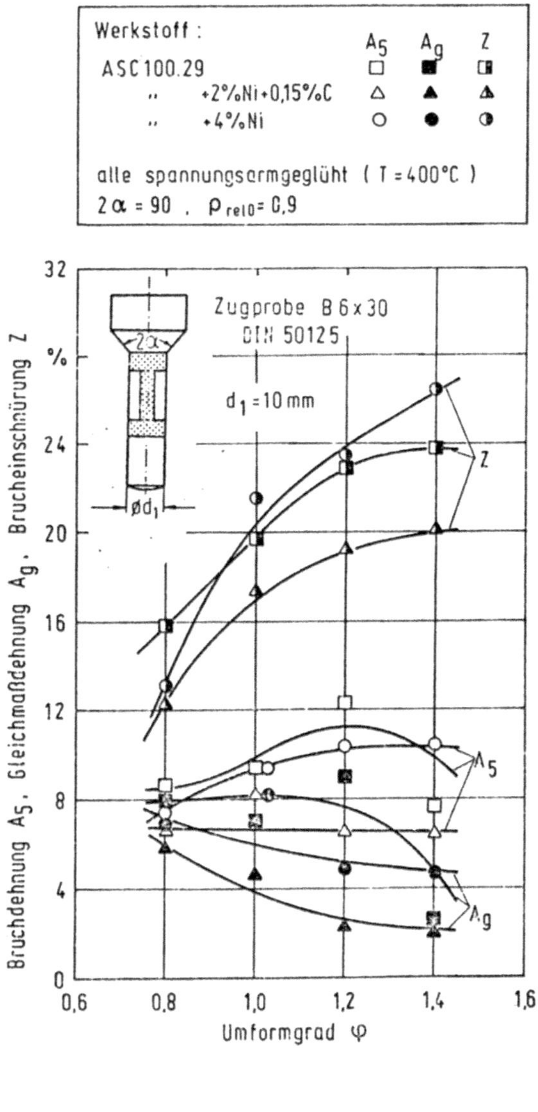

Bild B 38: Vergleich der Dehnungswerte der Werkstoffe nach dem Spannungsarmglühen.

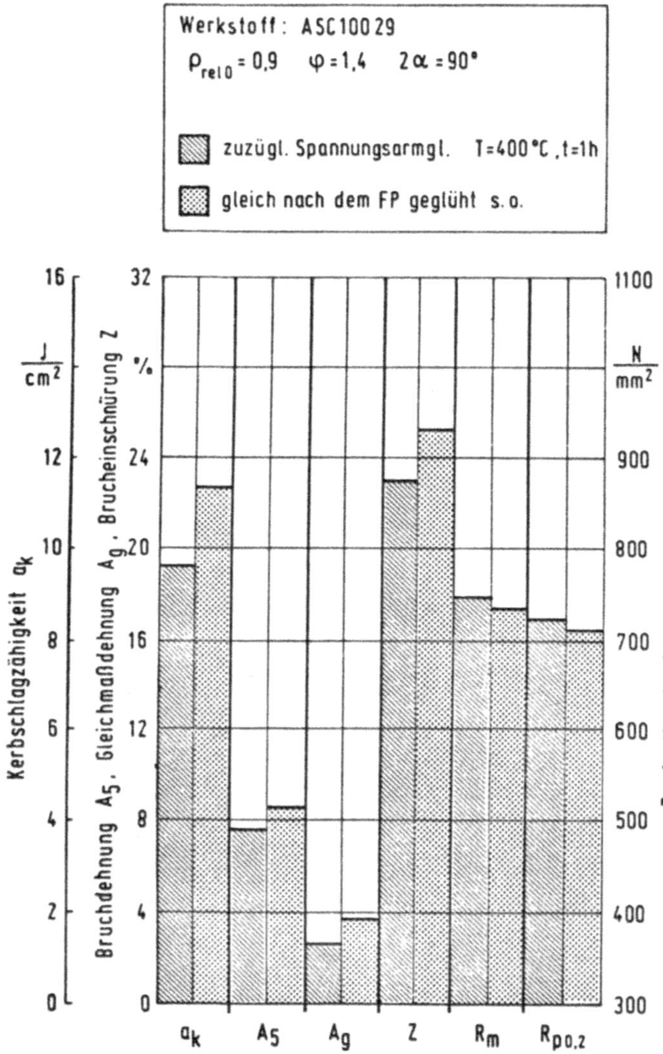

Bild B 39: Einfluß des Zeitpunktes auf das Spannungsarmglühen.

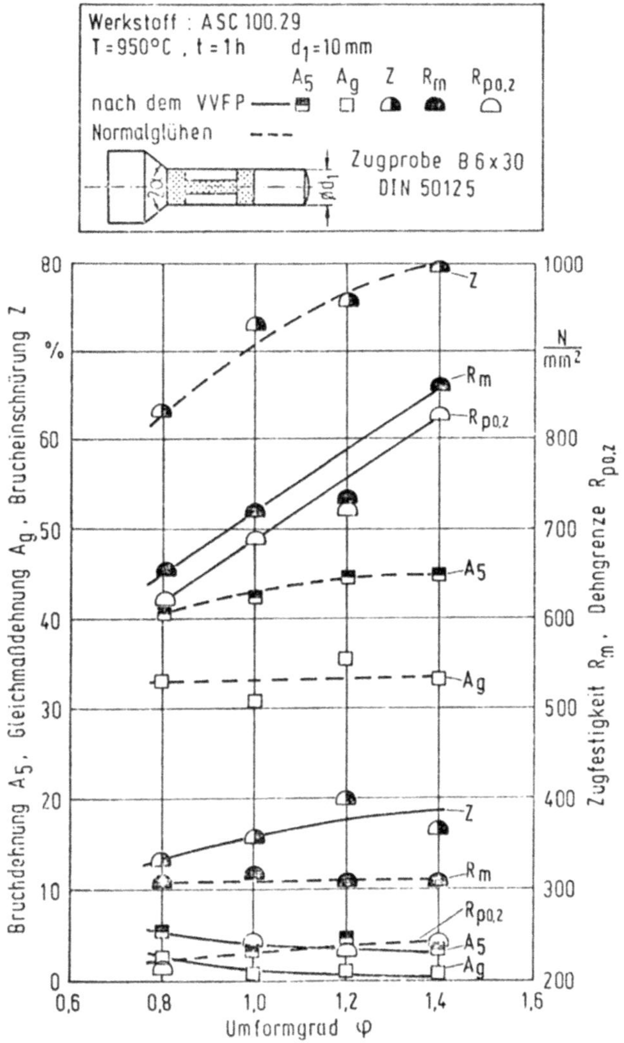

Bild B 40: Abhängigkeit der Festigkeits- und Dehnungswerte vom Umformgrad und die Auswirkungen einer zusätzlichen Wärmebehandlung.

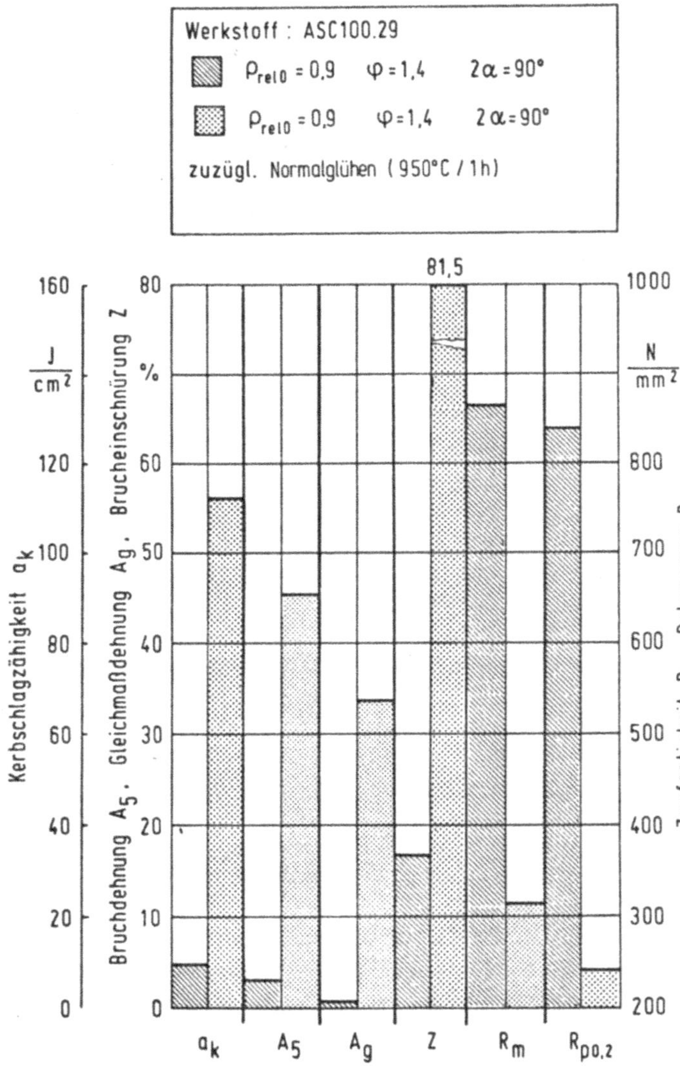

Bild B 41: Vergleich der mech. Eigenschaften vor und nach dem Normalglühen.

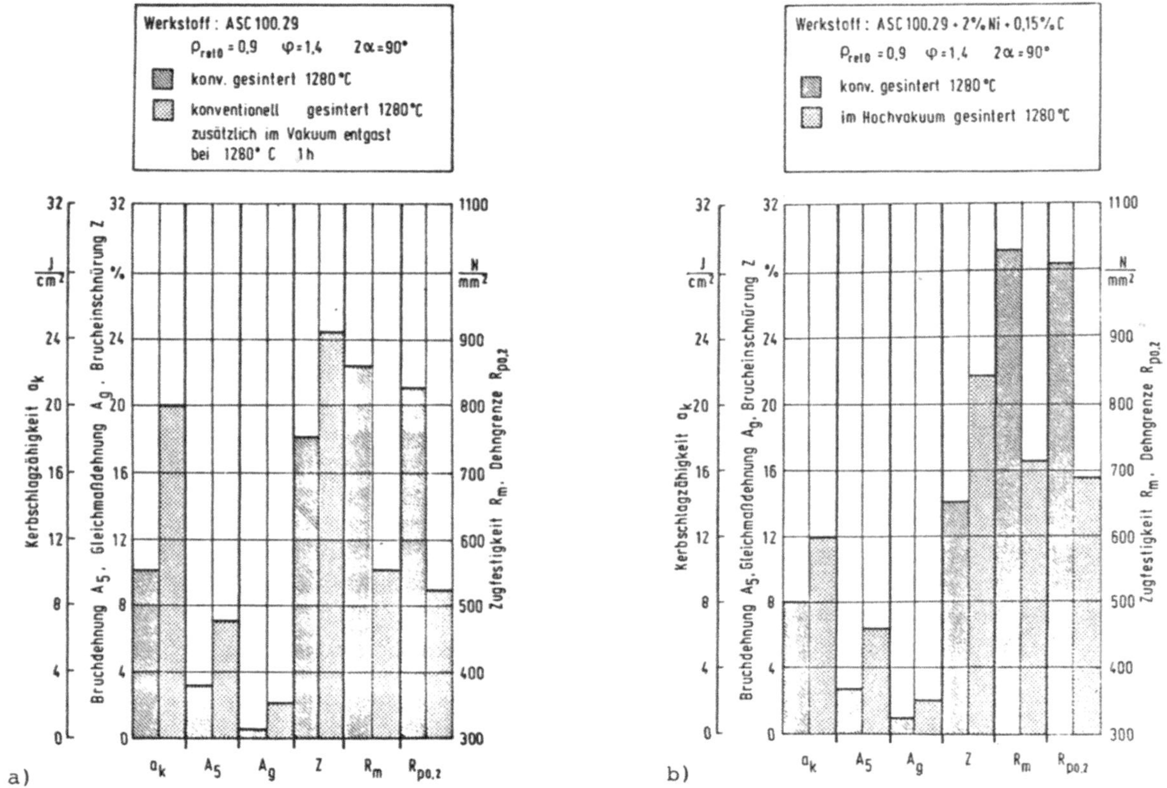

Bild B 42: Der Einfluß von Stickstoff auf die mechanischen Eigenschaften von a) ASC 100.29, b) ASC 100.29 + 2% Ni + 0,15% C.

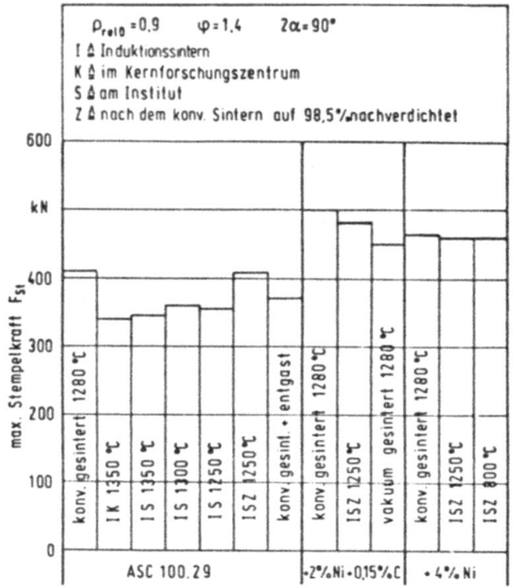

Bild B 43: Erforderliche maximale Stempelkraft in Abhängigkeit vom Werkstoff.

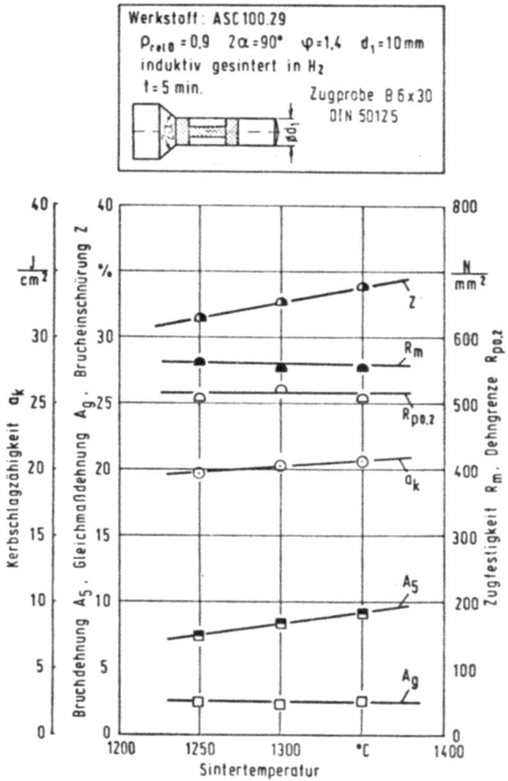

Bild B 44: Einfluß der Sintertemperatur auf die mech. Eigenschaften.

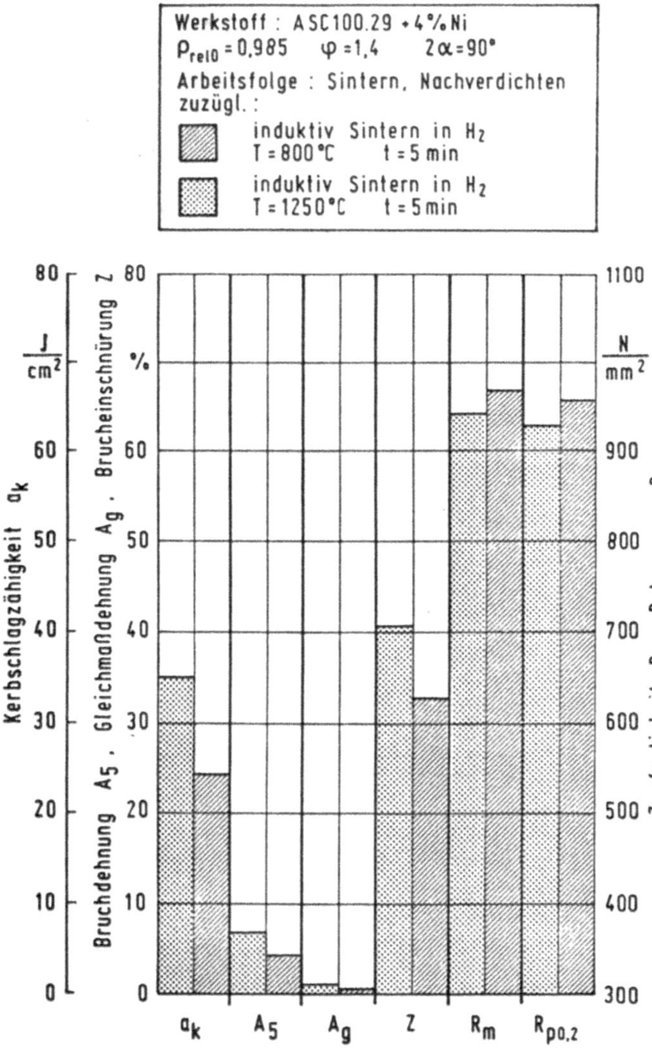

Bild B 45: Einfluß der Sintertemperatur beim Nachsintern auf die mechanischen Eigenschaften.

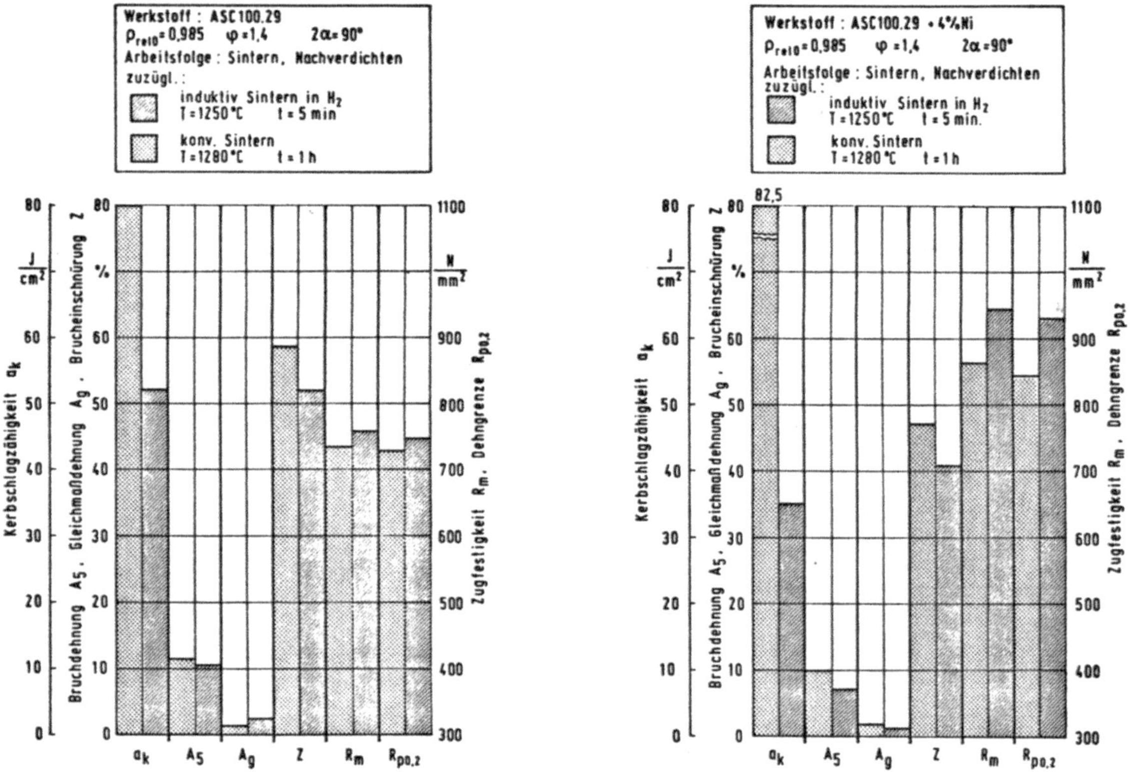

Bild B 46: Vergleich beim Zweifachsintern zwischen Induktions- oder Ofenerwärmung
a) ASC 100.29, b) ASC 100.29 + 4% Ni.

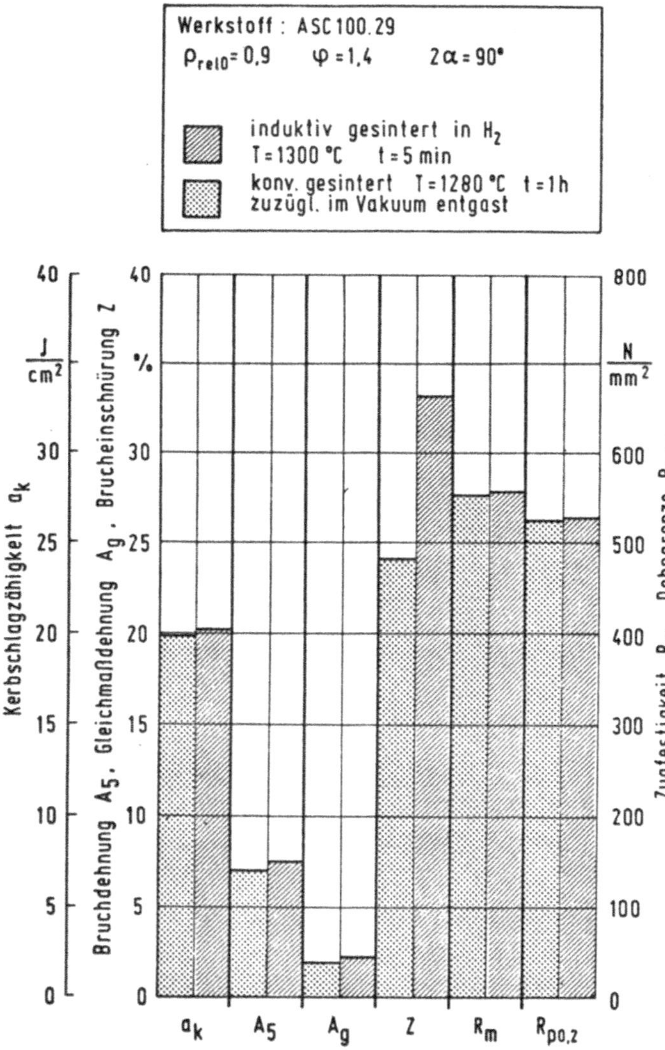

Bild B 47: Vergleich zwischen Induktions- und Hochvakuumsintern.

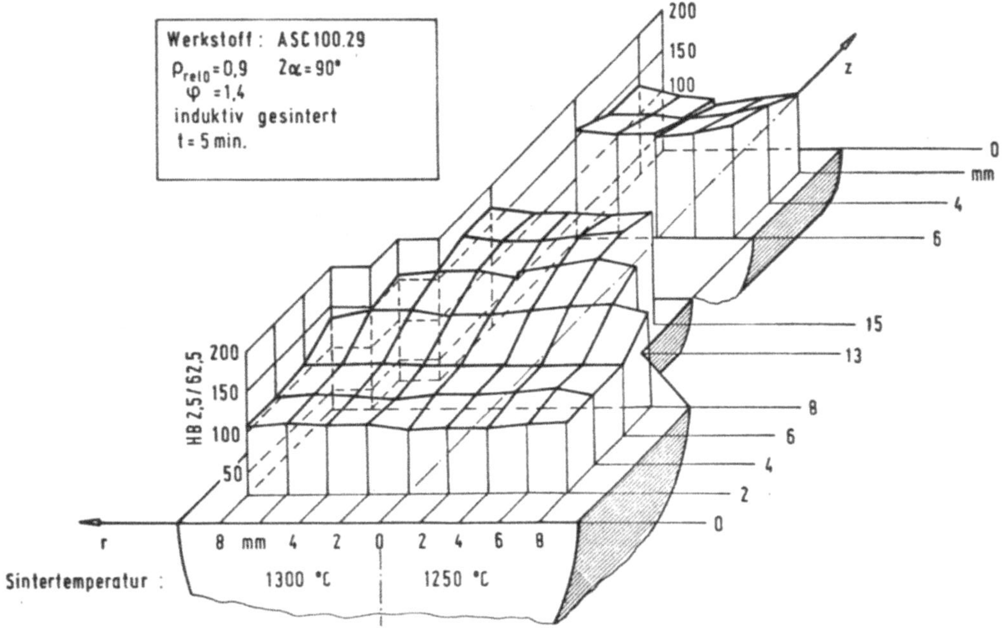

Bild B 48: Einfluß der Sintertemperatur auf den Härteverlauf im Werkstück.

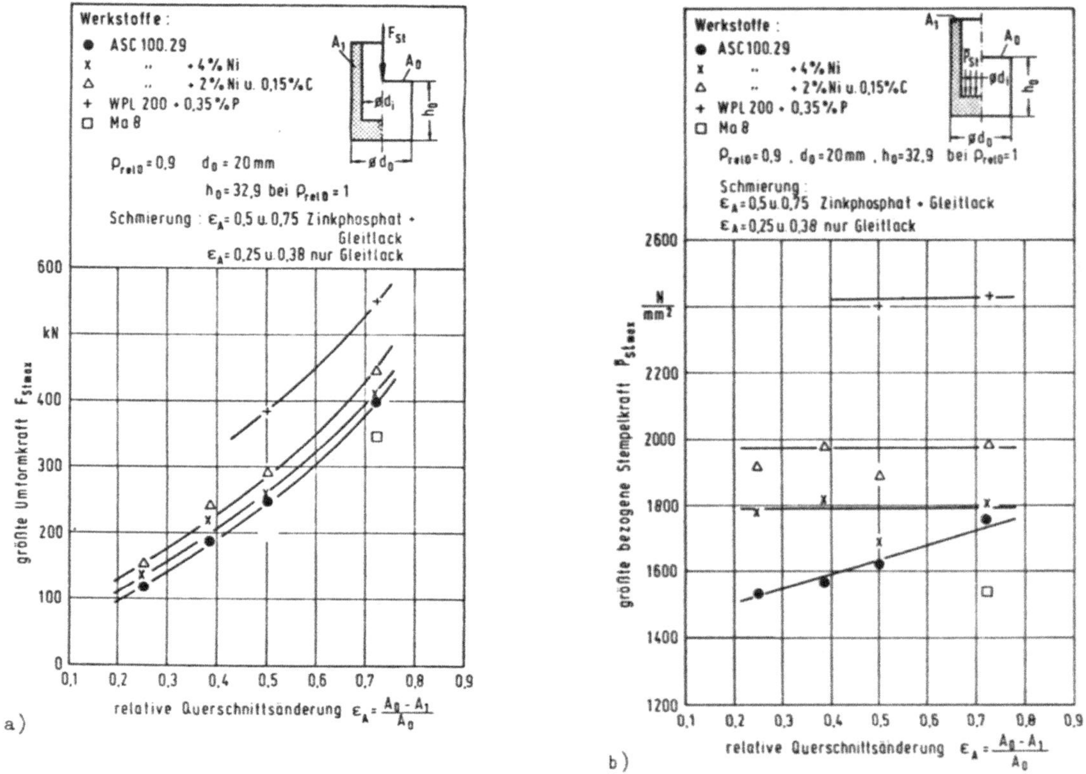

Bild B 49: Umformkraft in Abhängigkeit von der relativen Querschnittsänderung a) $F_{St\,max}$, b) $\bar{p}_{St\,max}$

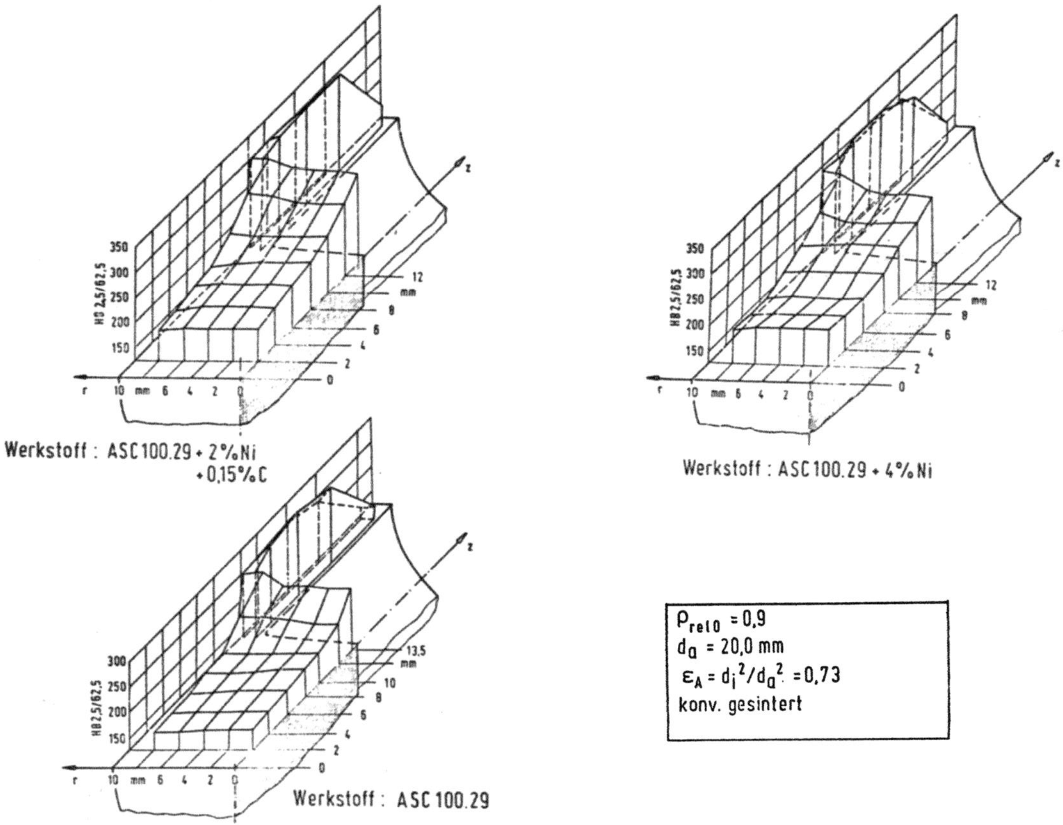

Bild B 50: Härteverteilung nach dem Napf-Rückwärts-Fließpressen.

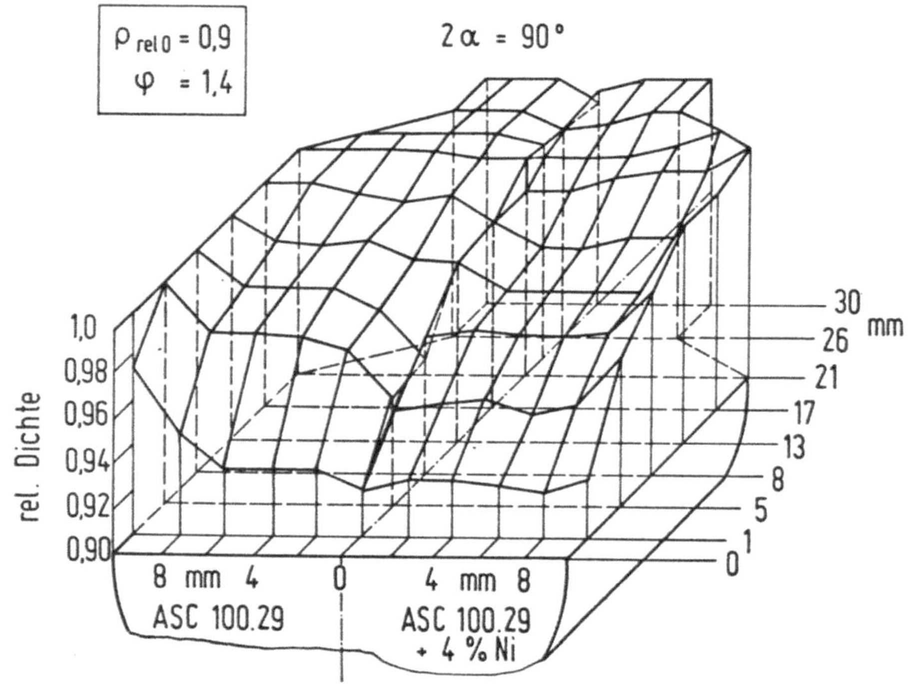

Bild B 51: Einfluß des Werkstückwerkstoffs auf die Ausbildung der örtlichen Dichte.

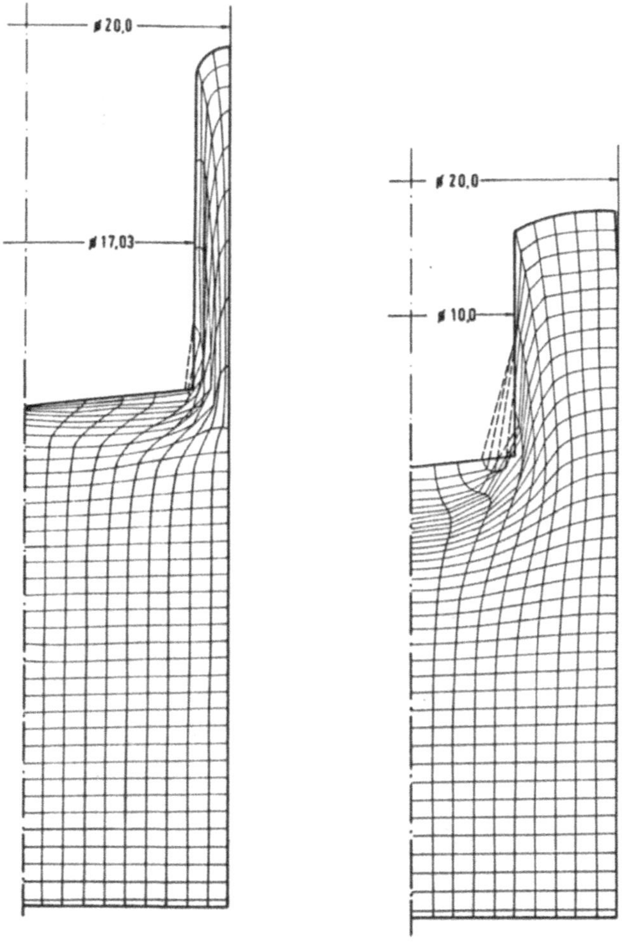

Bild B 52: Fehlerbetrachtung beim Auswerten der Netzlinien nach der Guldinschen Regel.

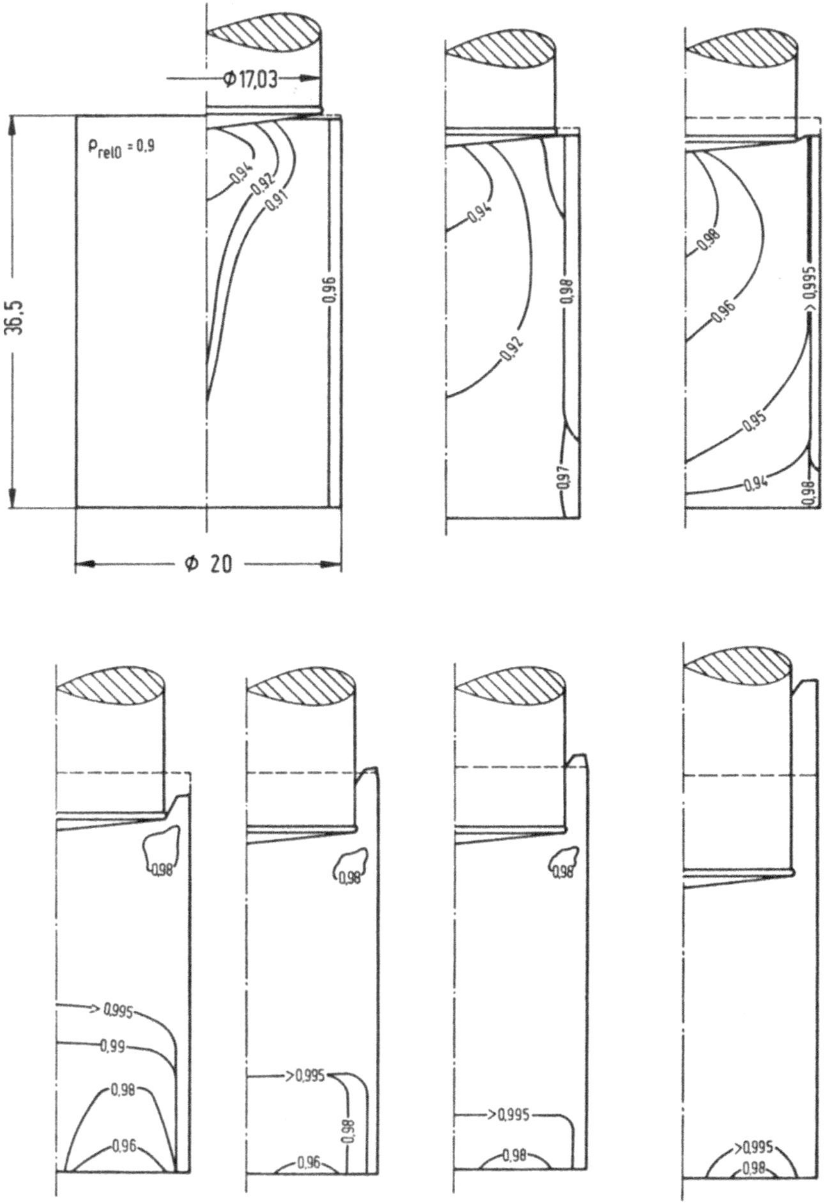

Bild B 53: Verdichtungsverhalten beim Napf-Rückwärts-Fließpressen. ε_A = 0,725.

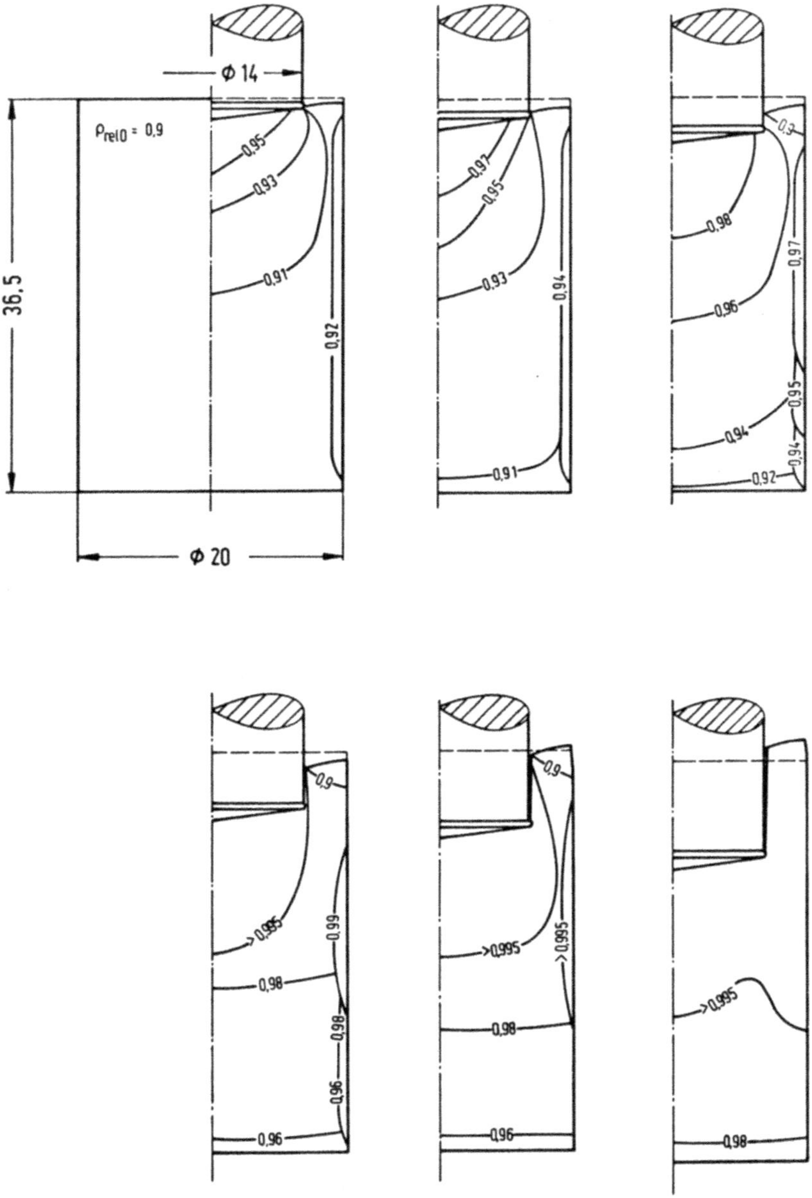

Bild B 54: Verdichtungsverhalten beim Napf-Rückwärts-Fließpressen. ε_A = 0,5.

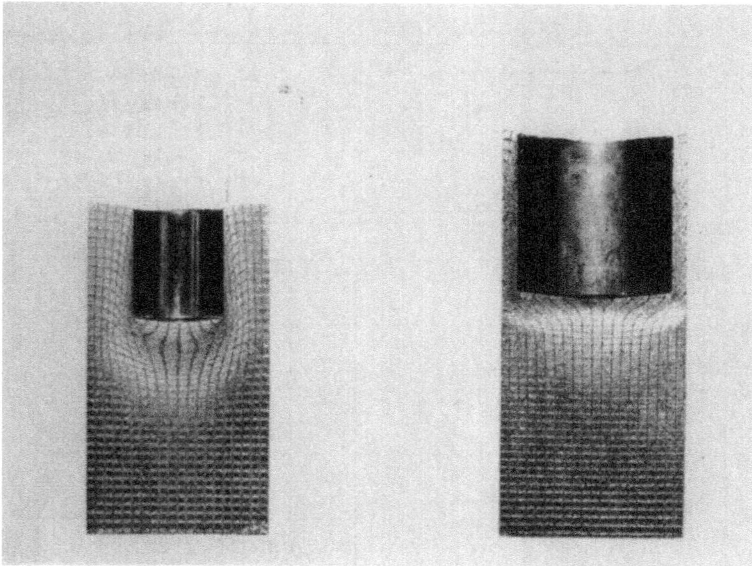

$\varepsilon_A = 0{,}25$ $\varepsilon_A = 0{,}73$

Bild B 55: Werkstofffluß beim Napf-Rückwärts-Fließpressen in Abhängigkeit von ε_A.

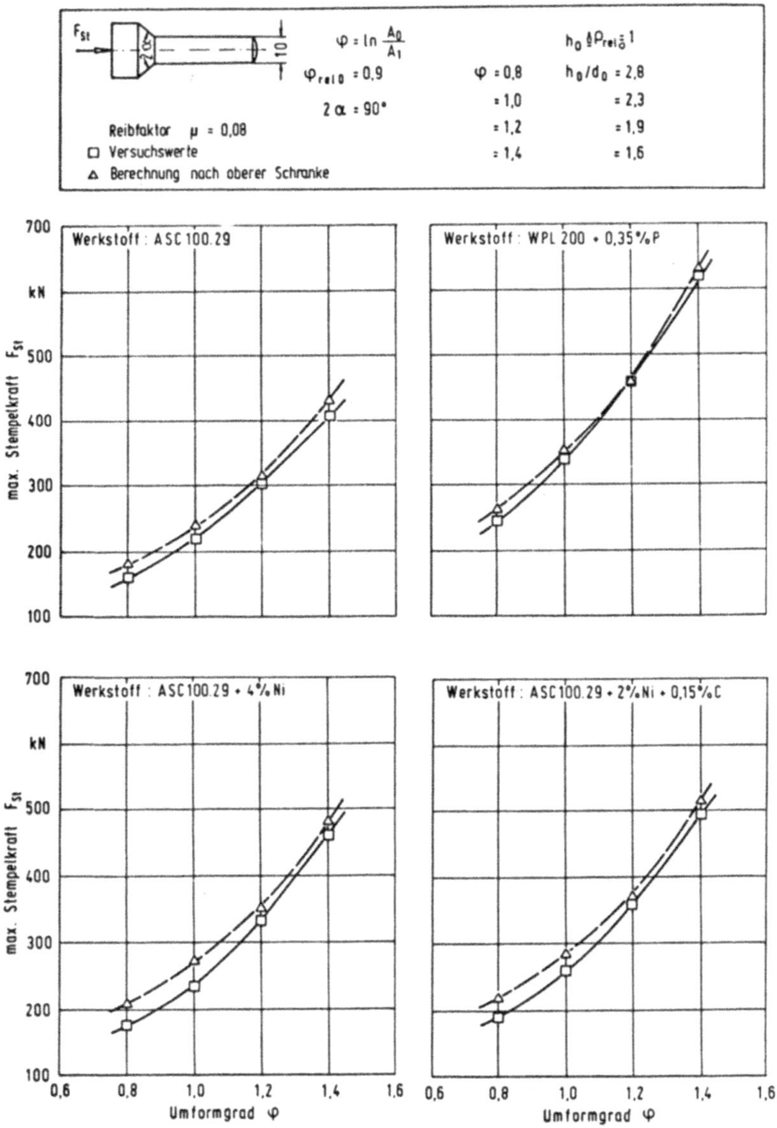

Bild B 56: Vergleich der errechneten und gemessenen Stempelkräfte beim Voll- Vorwärts- Fließpressen.

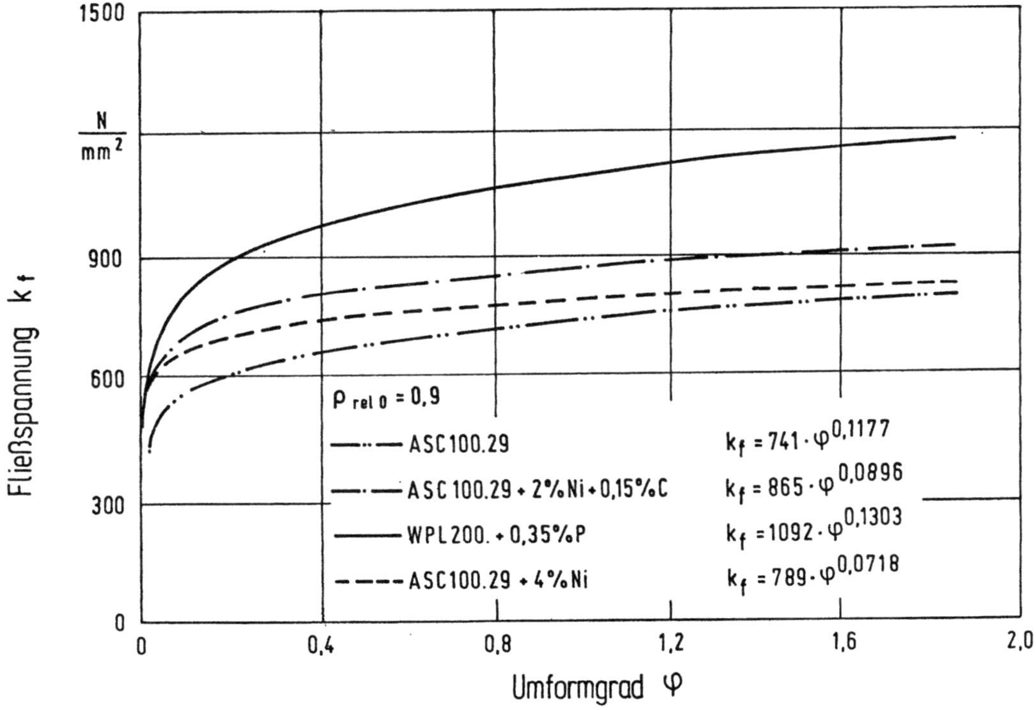

Bild B 57: Fließkurven der Versuchswerkstoffe.

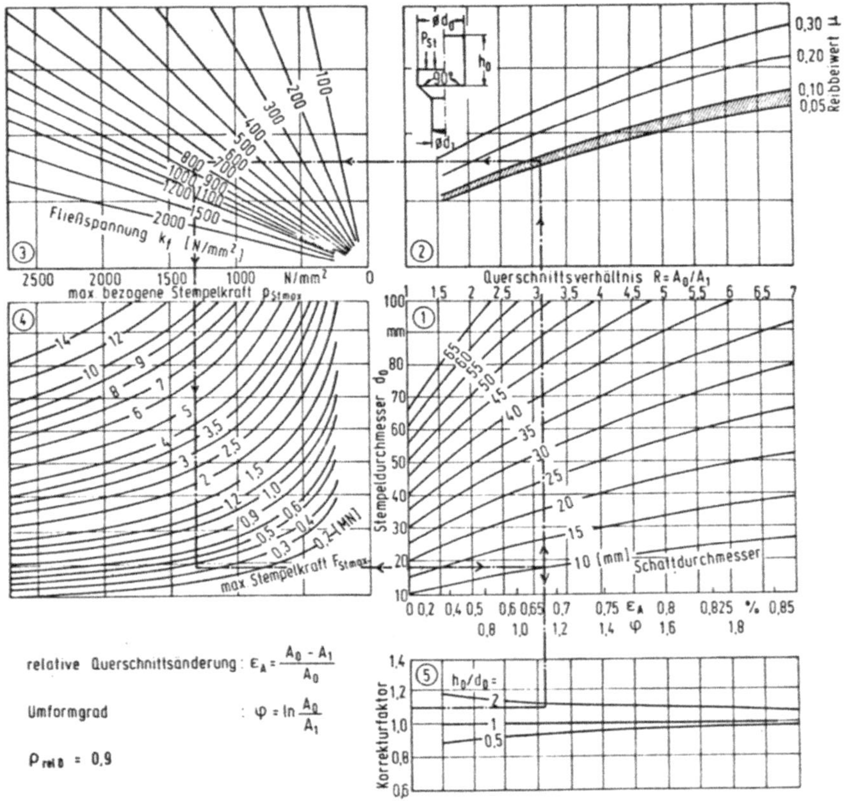

Bild B 58: Nomogramm zur Ermittlung der größten Stempelkraft beim Voll-Vorwärts-Fließpressen.

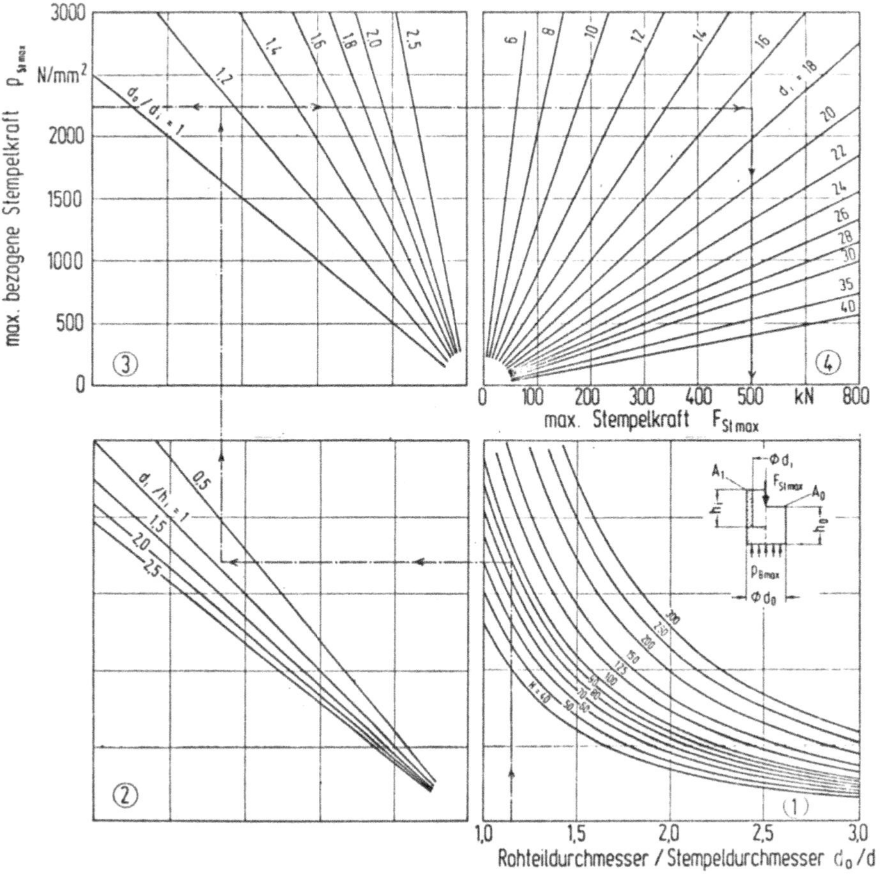

Bild B 59: Nomogramm zur Ermittlung der größten Stempelkraft beim Napf-Rückwärts-Fließpressen $\rho_{rel0} = 0,9$.

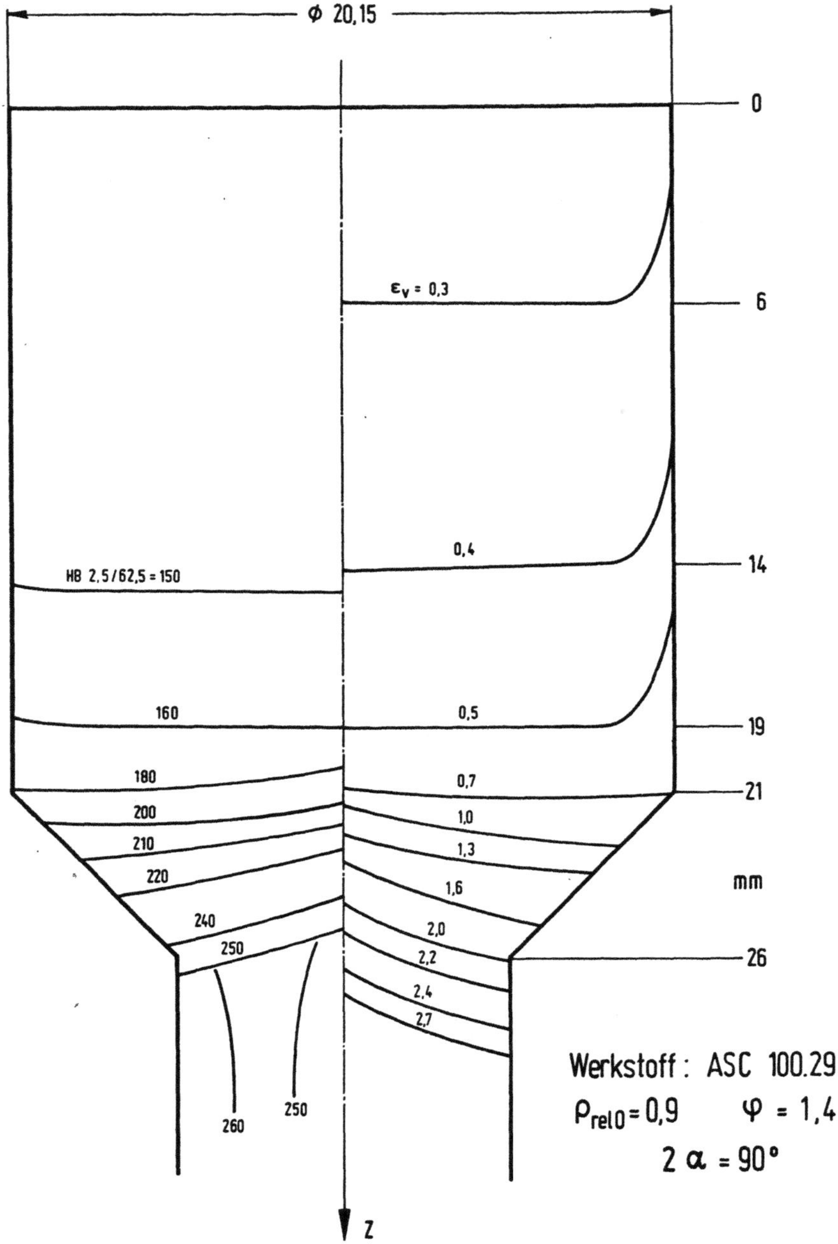

Bild B 60: Vergleich zwischen Brinellhärte und örtlicher Vergleichsformänderung beim Voll-Vorwärts-Fließpressen.

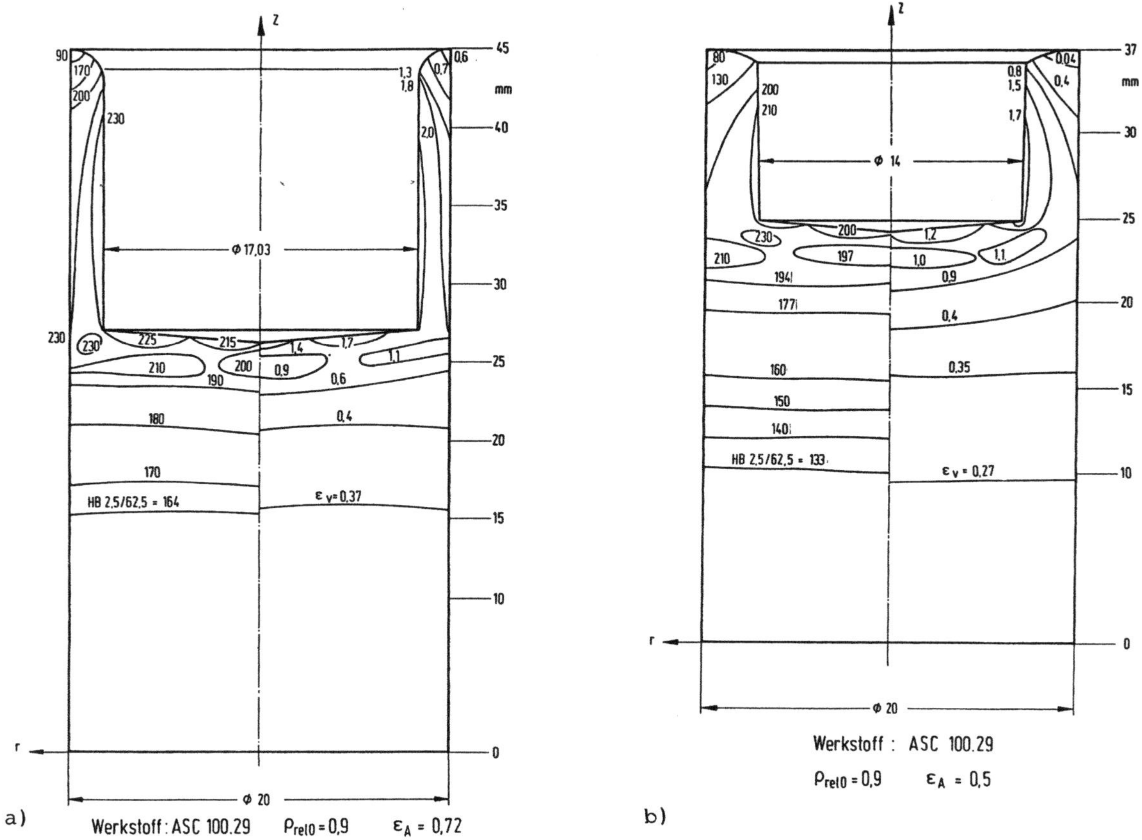

Bild B 61: Vergleich zwischen Brinellhärte und örtlicher Vergleichsformänderung beim Napf-Rückwärts-Fließpressen a) $\varepsilon_A = 0,72$, b) $\varepsilon_A = 0,5$.

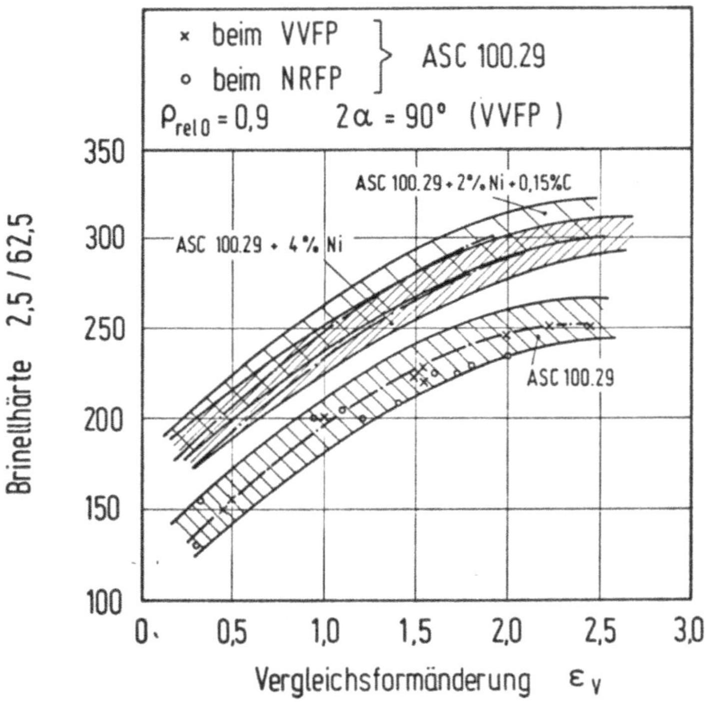

Bild B 62: Zusammenhang zwischen Vergleichsformänderung und Brinellhärte.

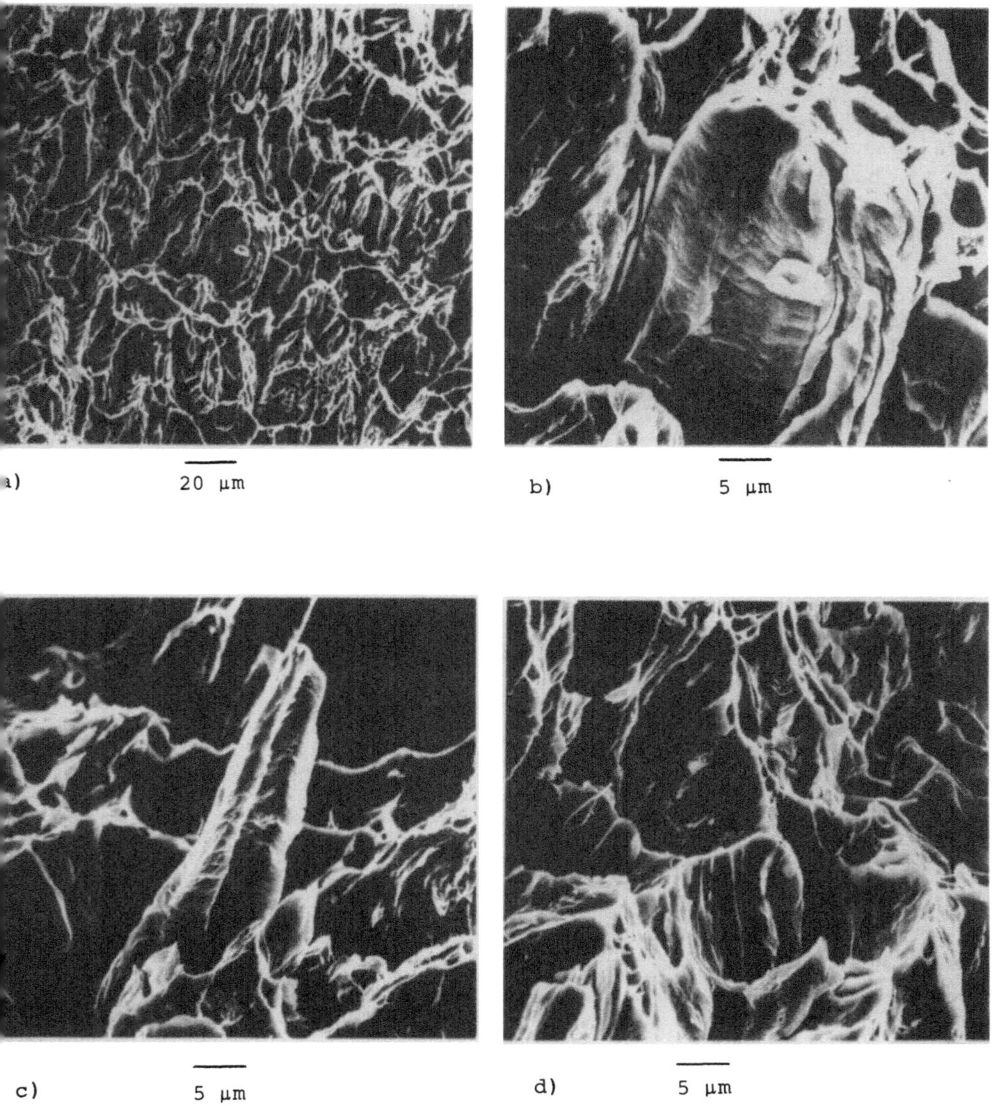

Bild B 63: REM-Untersuchng an der Bruchfläche eines Zugstabes aus ASC 100.29 ($\rho_{rel\ 0}$ = 0,9).

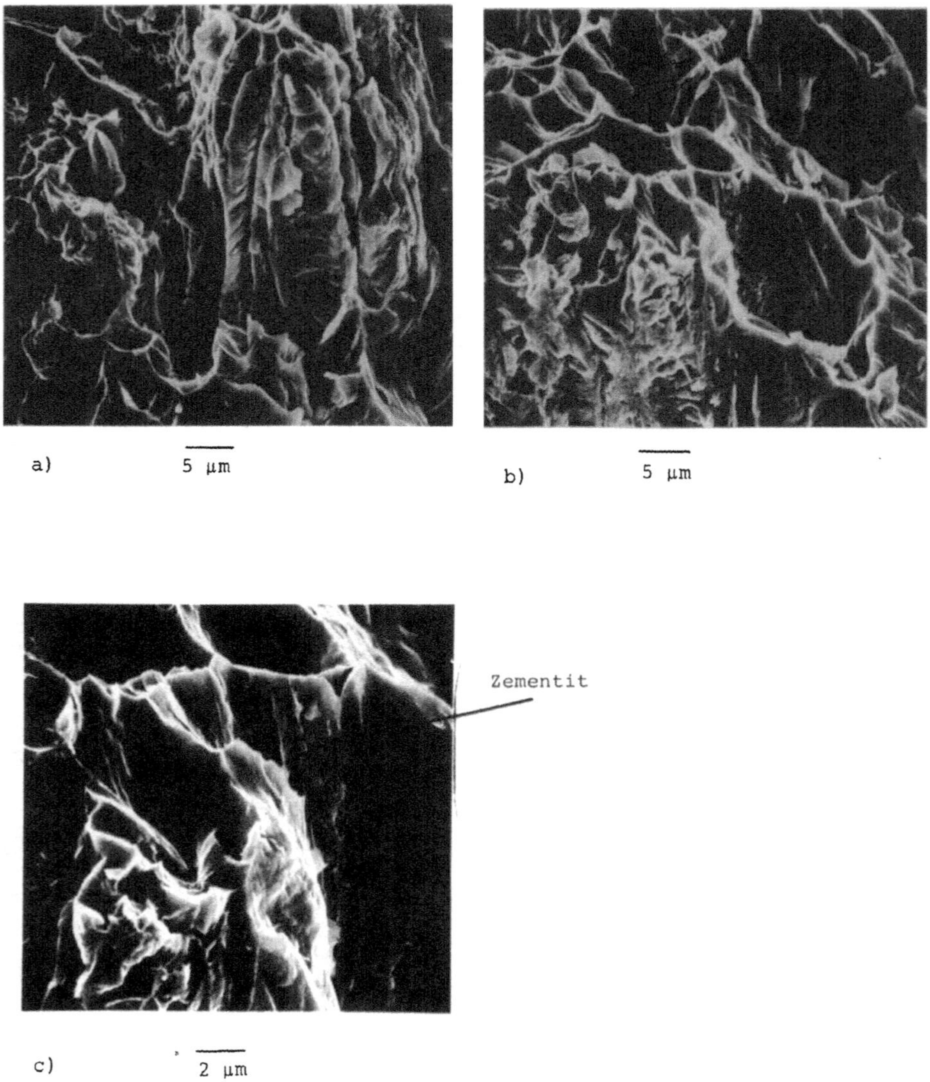

Bild B 64: REM-Untersuchungen an der Bruchfläche eines Zugstabes aus ASC 100.29 + 2% Ni + 0,15% c ($\rho_{rel\ 0}$ = 0,9).

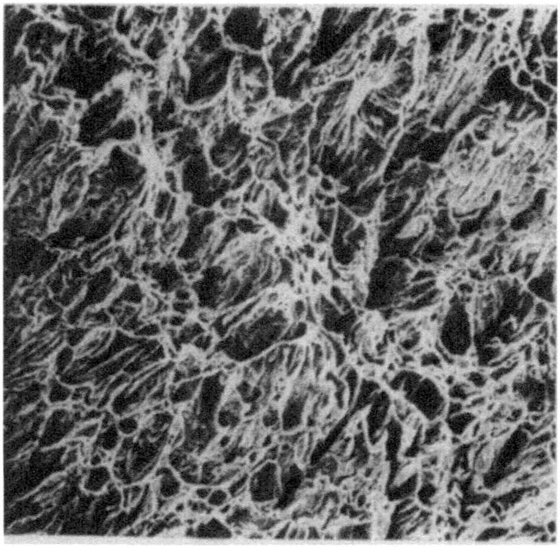

a)

20 µm

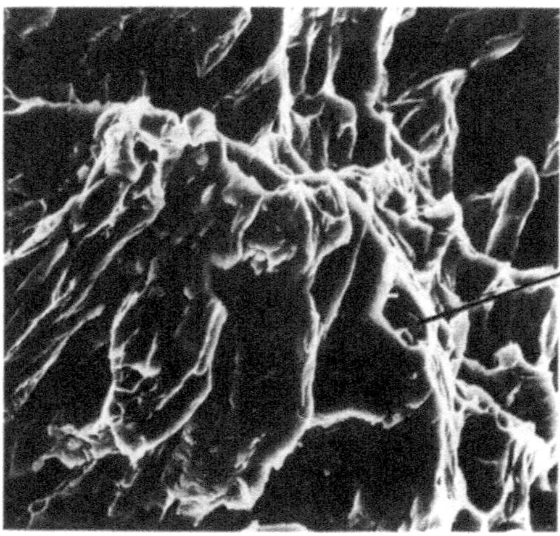

b)

5 µm

Bild B 65: REM-Untersuchungen an der Bruchfläche eines Zugstabes aus ASC 100.29 + 4% Ni ($\rho_{rel\ 0} = 0{,}9$).

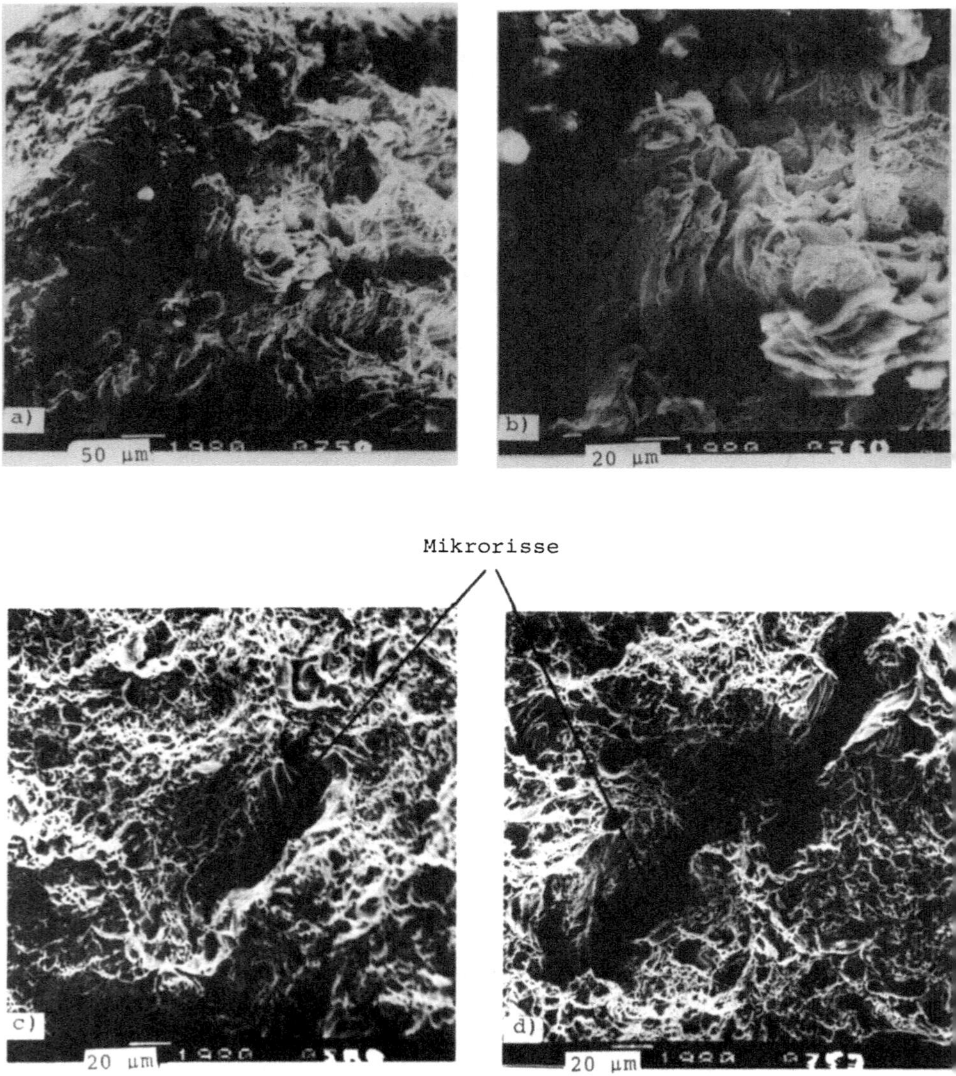

Bild B 66: REM-Untersuchungen an der Bruchfläche eines Zugstabes aus ASC 100.29 + 2% Ni + 0,15% c ($\rho_{rel\ 0}$ = 0,98).

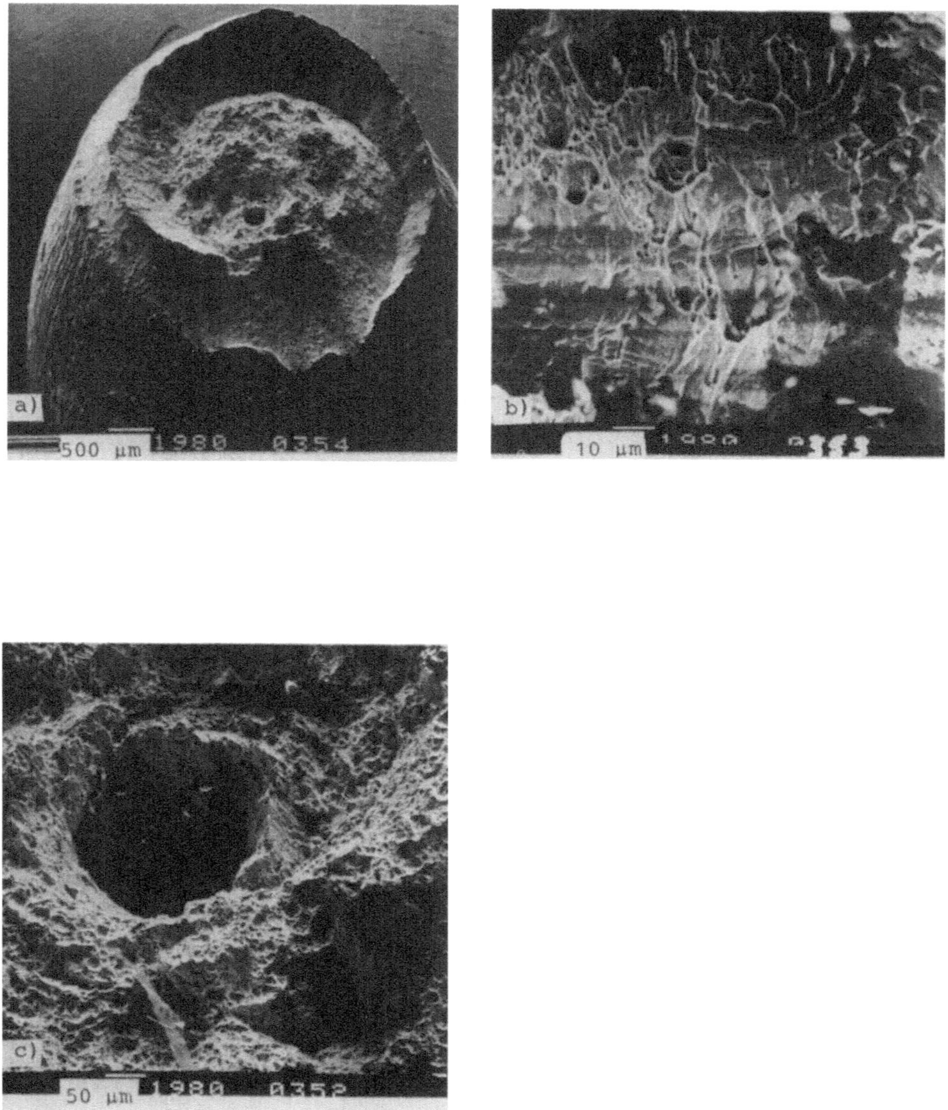

Bild B 67: REM-Untersuchung an der Bruchfläche eines Zugstabes aus zweifachgesinterten ASC 100.29 ($\rho_{rel\ 0}$ = 0,985).

Tabelle B 1: Phosphatschichtdicke in Abhängigkeit vom Werkstoff und der Behandlungsart.

Werkstoff	Rohteilgewicht v.d. Oberflächenbehandlung (g)	Rohteilgewicht n.d. Oberflächenbehandlung (g)	Δg ($\frac{mg}{cm^2}$)	Behandlungsart
QSt 32-3	73,1107	73,1486	1,5	Teile sandgestrahlt
ASC100.29	82,2772	82,3292	1,7	
QSt 32-3	88,6984	88,6076	-3,1	Normaler Durchlauf
ASC100.29	82,3900	82,6175	7,7	der Bäder
QSt 32-3	88,4737	88,5021	1,0	Oberfläche mit
ASC100.29	82,4190	82,4632	1,5	Tri gereinigt

Tabelle B 2: Einfluß des Schmierstoffs auf die Oberflächenbeschaffenheit nach dem Voll-Vorwärts-Fließpressen.

Werkstoff	Umformgrad	Schmierstoff	Rauheitsmaße [µm] R_t	R_a	R_p
ASC 100.29	1,4	Zinkphosphat + Seife	4,4	0,5	1,2
ASC 100.29	1,4	Zinkphosphat + 321R 1)	4,5	0,6	1,4
ASC 100.29	1,4	nur 321R	6,2	0,8	1,9
ASC 100.29	1,4	nur Molydag 727 2)	8,2	1,8	3,6
QSt 32-3	1,4	Zinkphosphat + 321R	2,2	0,4	0,9
ASC 100.29 + 2 % Ni + 0,15 % C	1,4	nur 321R	3,1	0,5	1,2

1) Gleitlack 321R (Hersteller: Dow Corning GmbH, München)
2) Gleitlack Molydag 727 (Hersteller: Acheson GmbH, Ulm)

Tabelle B 3: Verhältnis der gemessenen Dauerfestigkeit /Zugfestigkeit im Vergleich zu berechneten Werten.

Werkstoff	$\rho_{rel\,0}$	σ_{bW} (N/mm²)	R_m (N/mm²)	σ_{bW}/R_m	Z [%]	$\frac{\sigma_{bW}}{R_m} = 0{,}24 + 0{,}4\,Z$
ASC 100.29	0,9	360	860	0,42	17	0,31
ASC 100.29	0,98	310	640	0,48	40	0,4
ASC 100.29 I	0,9	280	560	0,5	33	0,37
ASC 100.29 + 4%Ni	0,9	380	940	0,4	19	0,32
ASC 100.29 + 4% Ni	0,985	410	940	0,44	40	0,4
ASC 100.29 + 2% Ni + 0,15%C	0,9	425	1030	0,41	14	0,3
WPL 200 + 0,35%P	0,9	400	1200	0,3	11	0,28
QSt 32-3	—	300	690	0,43	—	—

I Induktiv gesintertes Rohteil.

Tabelle B 4: Rohteilhärte der untersuchten Werkstoffe.

Werkstoff	$\rho_{rel\,0}$	H B 2,5 / 62,5
ASC 100.29	0,9	70
ASC 100.29	0,98	85
+ 4 % Ni	0,9	90
+ 4 % Ni	0,98	120
+ 2 % Ni + 0,15 % C	0,9	90
WPL 200 + 0,35 % P	0,9	110

Tabelle B 5: Unrundheit bei napf-rückwärts-fließgepreßten Werkstücken.

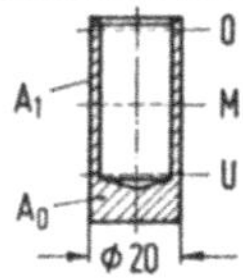

/A = Außenkontur

/ I = Innenkontur

$$\varepsilon_A = \frac{A_0 - A_1}{A_0}$$

Schmierung : nur Gleitlack

Werkstoff	ρ_{rel0}	ε_A	radienbez. Unrundheit [μm] 0/A	0/I	M/A	M/I	U/A	U/I
QSt 32-3	—	0,72	0	4	1	2	1	4
ASC 100.29	0,9	0,72	5	4	1	2	2	2
"	0,9	0,5	8	3	6	4	6	2
"	0,98	0,72	3,5	6	5	8	1	4
"	0,98	0,5	4	6	8	4	10	6

Schrifttum

[1] Bocchini, G. F.: The Powder Metallurgy from the Standpoint of Energy Consumptions. In: 5. Eur. Sympos. Pulvermetall., Stockholm, 1978.

[2] Lange, K., Glöckl, H., Rebholz, M.: Einfluß der Energiekostenentwicklung auf die Herstellkosten spanend und umformend gefertigter gleicher Werkstücke. In: Broschüre zum Seminar "Neuere Entwicklungen in der Massivumformung", Forschungsinstitut Umformtechnik, Stuttgart, 1979.

[3] Zapf, G.: Optimale Rohstoff- und Energienutzung bei der Verwendung von Sinterbauteilen. VDI-Berichte Nr.277, 1977, S. 207 - 218.

[4] Höneß, H.: Über das plastische Verhalten von Sintermetallen bei Raumtemperatur. Berichte aus dem Institut für Umformtechnik, Universität Stuttgart, Nr. 40. Essen: Girardet 1976.

[5] Schacher, H.-D.: Kaltmassivumformen von Sintermetall. Berichte aus dem Institut für Umformtechnik, Universität Stuttgart, Nr. 47. Essen: Girardet 1978.

[6] Zapf, G., Dalal, K.: Introduction of High Oxygen Affinity Elements Manganese, Chromium and Vanadium in the Powder Metallurgy of P/M Parts. Powder Metallurgy Conference, Chicago, 1976.

[7] Esper, F. J.: Nickel-Molybdän-Sinterstähle für hochbeanspruchte Teile. Zeitschrift für Werkstofftechnik 7 (1976), S. 256 - 261.

[8] Kothari, N. C.: Effect of Thermo-Mechanical Treatment and Additions of Various Alloying Elements on the Mechanical Properties of Electrolytic Iron Powder Compacts. Intern. J. of Powder Metallurgy 6(1970) 4, S. 3-15.

[9] Pillar, R. M., Hollingberg, D. R., Fossen, W.: The Integrity of P/M Forged Ni-Mo Steels Determined by Fracture Toughness. Int. Journal of Powder Metallurgy 13 (1977), Nr. 2, S. 99 - 119.

[10] Zapf, G.: Das Sinterformteil - Herstellung, Eigenschaften - und sein Einsatz zur Einsparung von Rohstoffen und Energie in der verarbeitenden Industrie. Zeitschrift für Werkstofftechnik 10 (1979), S. 171 - 184.

[11] Lindskog, P., Grek, S. E.: Reduction of Oxide Inclusions in Powder Preforms Prior to Hot Forming. Modern Developments in Powder Metallurgy, Vol. 7, 1974, S. 285 - 301.

[12] Moyer, K.: A Comparison of Deformed Iro-Carbon Alloy Powder Preforms with Commercial Iron-Carbon Alloys. Modern Developments in Powder Metallurgy, Vol. 7, 1974, S. 235 - 254.

[13] Badia, F. A., Heck, F. W., Tundermann, J. H.: Effect of Compositional and Processing Variations on the Properties of Hot Formed Mixed Elemental P/M Steels. Modern Developments in Powder Metallurgy, Vol. 7, 1974, S. 255 - 284.

[14] Zapf, G., Hoffmann, G., Dalal, K.: Entwicklung mit Hilfe des Warmpreßverfahrens hergestellter Sinterstähle mit optimaler Warmstreckgrenze, Dauerfestigkeit und Kerbschlagzähigkeit. Zeitschrift für Werkstofftechnik 6 (1975), Nr. 11, S. 384 - 390, Nr. 12, S. 424 - 432.

[15] Hoffmann, G., Dalal, K.: Optimierung warmgepreßter Sinterstähle - Mechanische Eigenschaften, Bruchverhalten und Wirtschaftlichkeit. Zeitschrift für Werkstofftechnik 7 (1976) S. 393 - 408.

[16] Kochendörfer, A.: Die Bruchvorgänge in Experiment und Theorie. Zeitschrift für Metallkunde 62 (1971), S. 1-12, S. 71 - 85, S. 173 - 185, S. 255 - 269.

[17] Mocarski, S.: Mod. Dev. Powder Metallurgy, MPIF, Vol. 7, 1974, S. 303 - 323.

[18] Nickel, Eigenschaften, Verarbeitung, und Verwendung. Nickel-Informationsbüro GmbH Düsseldorf 1964

[19] Zapf, G., Niessen, J.: Einfluß des Herstellverfahrens auf die physikalischen Eigenschaften von binären Eisen-Nickel-, Eisen-Kupfer- und ternären Eisen-Kupfer- und Nickel-Legierungen bei Anwendung des Doppelpreßverfahrens. Forschungsberichte des Landes Nordrhein-Westfalen, Nr. 2106. Köln, Opladen: Westdeutscher Verlag 1970.

[20] Lindskog, P., Thornblad, O.: Ways to Improve the Strength of Sintered Components Made by Partially Pre-Alloyed Steel Powders. In: 5. Eur. Sympos. Pulvermetall., Stockholm, 1978.

[21] Eudier, M., Bompard, Ph., Le Gall, M.: Toughness of Sintered Steels. In: 5. Eur. Sympos. Pulvermetall., Stockholm, 1978.

[22] N. N.: Nickel in Powder Metallurgy. Metal Powder Report 33 (1978), Nr. 4, S. 156 - 158.

[23] Berezovskaya, N. A., Koptin ,L. V.: Mechanical Properties of Constructional Sintered Materials Produced by Dynamic Hot Pressing. Soviet Powder Metallurgy (1977), Nr. 8, S. 635 - 637.

[24] Spitzig, W. A.: The Effects of Phosphorus on the Mechanical Properties of low Corbon Iron. Metallurgical Transactions 3 (1972), S. 1183 - 1188.

[25] Theia, C., Warmumformen und Verdichten von porösen Körpern aus Sintereisen und Sinterstahl. Hannover, Techn. Universität, Dr.-Ing.-Diss., 1972.

[26] Guichelaar, P., Pehlke, R.: Gas Metal Reductions during Induction Sintering. In: Proc. of Fall Powder Metallurgy Conference 1971.

[27] Dautzenberg, N.: Methods of Production of Carbon Steels and their Properties. Powder Metallurgy International 3 (1971), Nr. 2, S. 67 - 71.

[28] Ingelström, N., Ustimenko, V.: The Influence of Porosity and Carbon Content on the Fracture Toughness of Some Sintered Steels. Powder Metallurgy 18 (1975), Nr. 36, S. 303 - 322.

[29] Vernia, P.: Short Cycle Sintering by Induction Heating. Modern Development in Powder Metallurgy 4 (1970).

[30] Lange, K.: Gesenkschmieden von Stahl. Springer-Verlag, Berlin/ Göttingen/ Heidelberg 1958.

[31] Gemenetzis, V., Thümmler, F., Zapf, G., Brenner, W.: Induktionssintern von Formteilen aus unlegiertem und legiertem Sinterstahl. In: 5. Eur. Sympos. Pulvermetall., Stockholm, 1978.

[32] Gemenetzis, V.: Induktionssintern von Formteilen. In: 5. Int. Konferenz über Pulvermetallurgy, CSSR, Okt.1978.

[33] Shima, S., Tabata, T., Oyane, M.: Upper Bound Theory for Deformation of Porous Materials. Kyoto-Report 1976.

[34] Oyane, M., Shima, S., Tabata, T.: Consideration of Basic Equations and their Applications, in the Forming of Metal Powders and Porous Metals. Journal of Mechanical Working Technology 1 (1978), S. 325 - 341.

[35] Lange, K.: Lehrbuch der Umformtechnik, Bd. 2 Massivumformung. Berlin/...: Springer 1974.

[36] Geiger, R.: Der Stofffluß beim kombinierten Napffließpressen. Berichte aus dem Institut für Umformtechnik, Universität Stuttgart, Nr. 36. Essen: Girardet 1976.

[37] Schimmer, H.: Fließverhalten plastisch kompressibler Werkstoffe. Aachen, Techn. Hochschule, Dr.-Ing.-Diss., 1974.

[38] Oyane, M., Shima, S., Kono, Y.: Theory of Plasticity for Porous Metals. Bulletin of ISME. Japan Society of Mechanical Engineers 16 (1973), Nr. 99, S. 1254 - 1262.

[39] Steck, E.: Numerische Behandlung von Verfahren der Umformtechnik. Berichte aus dem Institut für Umformtechnik, Universität Stuttgart, Nr. 22. Essen: Girardet 1971.

[40] Thomsen, E. G., Yang, Ch. T., Kobayashi, S.: Mechanics of Plastic Deformation in Metal Processing. New York. Macmillan Co. 1965.

[41] Shabaik, A., Thomsen, G.: Investigation of the Application of the Visioplasticity Methodes of Analysis to Metal Deformation Processes. Final Rep. for Dep. of the Navy, Naval Air Syst. Command, Washington, D. C. 20360, June 1967.

[42] Wilhelm, H.: Untersuchungen über den Zusammenhang zwischen Vickershärte und Vergleichsformänderung bei Kaltumformvorgängen. Berichte aus dem Institut für Umformtechnik, Universität Stuttgart, Nr. 9. Essen: Girardet 1969.

[43] Hill, R.: The Mathematical Theory of Plasticity. Oxford: Clarendon Press 1950.

[44] Hoffmann, O., Sachs, G.: Introduction to the Theory of Plasticity for Engineers. New York/...: Mc Graw-Hill Book Co., Inc. 1953.

[45] Rasterelektronenmikroskopische Untersuchungen von Metallschäden. Engel-Klingele. Gerling Institut für Schadensforschung und Schadensverhütung GmbH, Köln.

[46] Geiger, M., Steck, E.: Näherungsrechnung zur Ermittlung des Spannungs- und Bewegungszustandes beim Fließen eines starr-plastischen Werkstoffs. Industrie-Anzeiger 89 (1967), S. 1778 - 1781.

[47] Niessen, J.: Neuere Entwicklungen auf dem Gebiet der Herstellung von Sintergenauteilen. Haus der Technik - Vortragsveröffentlichungen, Heft 299 (Moderne Sinterwerkstoffe).

[48] Schumann, H.: Metallographie. Leipzig: Fachbuchverlag 1958.

[49] Bockstiegel, G., Hewing, J.: Kritische Betrachtung des Schrifttums über den Verdichtungsvorgang beim Kaltpressen von Pulvern in starren Preßformen. Archiv für das Eisenhüttenwesen 36 (1965) S. 751 - 767.

[50] Kiparison, S., Perelmann, V. E., Roman, O. V.: Law of Densification of Powder Materials. Soviet Powder Metallurgy (1977), Nr. 12, S. 937 - 943.

[51] Moyer, K. H.: Measuring Density of P/M Materials with Improved Precision. The Int. Journal of Powder Metall. + Powder Technology 15 (1979), Nr. 1, S. 33 - 42.

[52] Skelly, H. M.: Properties of P/M Forging made by Six Methods. The Int. Journal of Powder Metall. + Powder Technology 14 (1978), Nr. 1, S. 33 - 37.

[53] Dower, R. J., Miles, G. J.: The Cold Forging of Two Automobile Components from Sintered Powder Preforms. In: 5. Eur. Sympos. Pulvermetall., Stockholm, 1978.

[54] Brunst, W.: Die induktive Wärmebehandlung. Berlin/...: Springer 1957.

[55] Gemenetzis, V., Thummler, F.: in Vorbereitung.

[56] Hasek, V.: Einfluß der Alterung auf die mechanischen Eigenschaften von Stählen zum Kaltfließpressen. Berichte aus dem Institut für Umformtechnik, Universität Stuttgart, Nr. 19. Essen: Girardet 1970.

[57] Beelich, K. H.: Werkstoffpraktikum. Würzburg: Vogel 1971, Komprath-Reihe.

[58] Flemming, G.: Mechanische Eigenschaften von Stahl bei statischer und wechselnder Beanspruchung nach einer Massivumformung. Darmstadt, Techn. Universität, Dr.-Ing.-Diss., 1972.

[59] Fromm, E.: Gase und Kohlenstoff in Metallen. Berlin: Springer 1976.

[60] Fischer, W. A., Soraruf, K. A., Hoffmann, A.: Der Einfluß von Stickstoffgehalten zwischen < 0,002 % und 0,016 % in Reineisen mit 0,002 bis 0,065 % C und 0,001 bis 0,163 % O auf die mechanischen Eigenschaften und das Sprödbruchverhalten nach Normalglühen und künstlicher Alterung. Archiv für das Eisenhüttenwesen 39 (1968), Nr. 1, S. 57 - 67.

[61] Höneß, H., Krämer, W., Raghupathi, P. S.: Kaltumformen von Sintereisen durch Vollvorwärts- und Napfrückwärtsfließpressen. Industrie-Anzeiger 93 (1971), Nr. 101, S. 2563 - 2567.

[62] Dower, R. J., Miles, G. J.: The Cold Extrusion of Mild Steel Billets Produced by Powder Metallurgical Techniques. National Engineering Laboratory, Glasgow, Report 541.

[63] Obara, K., Nishino, Y., Saito, Y.: The Cold Forging of Ferrous P/M Preforms. Hausner u. Smith. Modern Developments in Powder Metallurgy 1974, S. 423 - 440.

[64] Schmitt, G.: Untersuchungen über das Rückwärts-Napffließpressen von Stahl bei Raumtemperatur. Berichte aus dem Institut für Umformtechnik, Universität Stuttgart, Nr. 7. Essen: Girardet 1968.

[65] Geiger, R., Dannenmann, E., Stefanakis, J.: Untersuchung zum Halbwarmfließpressen von Stahl. Berichte aus dem Institut für Umformtechnik, Universität Stuttgart, Nr. 41. Essen: Girardet 1976.

[66] Wistreich, J. G.: An Investigation of the Mechanics of Wire Drawing. Wire Ind. 22 (1955) S. 421-429, S. 509 - 520.

[67] Pugh, H. Lc. D.: Recent Developments in Cold Forming. Bulleid Memorial Lectures 1965. Bd.III A, University of Nottingham 1965.

[68] Lange, K.: Lehrbuch der Umformtechnik, Bd. 1, Grundlagen. Berlin/...: Springer 1972.

[69] ICFG-Int. Cold Forging Group: Data Sheet Nr.9/79.

[70] Dipper, M.: Das Fließpressen von Hülsen in Rechnung und Versuch. Dr.-Ing.-Diss. TH Stuttgart 1949.

[71] Tirosh, J.: Analysis of tube piercing. Israel J. of Technology 3 (1965) S. 198 - 202.

[72] Schmitt, G.: Berechnung der Werkzeugbeanspruchung beim Kaltfließpressen von Näpfen. Ind.-Anz. 92 (1970), S. 438 - 439.

[73] Storoschew: Grundlagen der Umformtechnik. Berlin: Verl. Technik (1968).

[74] SEM/TEM Fractography Handbook Metals and Ceramics Informations Center. Mc Donnel Douglas Astronautics Company, Dec. 1975, Huntington Beach, California.

Berichte aus dem Institut für Umformtechnik der Universität Stuttgart

Herausgeber Professor Dr.-Ing. Kurt Lange

1 **Untersuchung über den Einfluß der Belastungszeit auf die Streuung der Rückfederung von Biegeteilen**
Von Dipl.-Ing. Klaus Tafel. 70 Seiten Text u. 64 Seiten mit 49 Bildern u. 15 Tafeln. Vergriffen

2/3 **Untersuchungen über das freie Napfen**
Von Dipl.-Ing. Gerhard Schmitt und Dipl.-Ing. Dieter Schmoeckel.
Untersuchungen über den Kraft- und Arbeitsbedarf sowie den Umformwirkungsgrad beim Vorwärts-Vollfließpressen von Stahl
Von Dipl.-Ing. Dieter Kast. 40 Seiten Text u. 43 Seiten mit 47 Bildern u. 5 Tafeln. 28,— DM

4 **Untersuchungen über die Werkzeuggestaltung beim Vorwärts-Hohlfließpressen von Stahl und Nichteisenmetallen**
Von Dipl.-Ing. Dieter Schmoeckel. 72 Seiten Text u. 117 Seiten mit 179 Bildern. 39,— DM

5 **Untersuchungen über das Stauchen und Zapfenpressen**
Von Dipl.-Ing. Märten Burgdorf. 126 Seiten Text u. 58 Seiten mit 138 Bildern u. 4 Tafeln. 55,— DM

6 **Untersuchungen über die Streuung der Kräfte und Arbeiten beim Fließpressen in der laufenden Fertigung und den Einfluß der Phosphatschichtdicke und des Schmiermittels**
Von Dipl.-Ing. Hans-Dietrich Witte. 38 Seiten Text u. 48 Seiten mit 49 Bildern. 30,— DM

7 **Untersuchungen über das Rückwärts-Napffließpressen von Stahl bei Raumtemperatur**
Von Dipl.-Ing. Gerhard Schmitt. 132 Seiten Text u. 93 Seiten mit 130 Bildern u. 5 Tafeln. 34,— DM

8 **Die Abbildegenauigkeit beim Biegen im 90°-V-Gesenk und ihre Beeinflussung durch Nachdrücken im Gesenk durch Nachdrücken im Gesenk**
Von Dipl.-Ing. Eckart Dannenmann. 50 Seiten Text u. 31 Seiten mit 28 Bildern u. 1 Tafel. Vergriffen

9 **Untersuchungen über den Zusammenhang zwischen Vickershärte und Vergleichsformänderung bei Kaltumformvorgängen**
Von Dipl.-Ing. Hans Wilhelm. 50 Seiten Text u. 35 Seiten mit 37 Bildern u. 2 Tafeln. Vergriffen

10 **Untersuchungen über das Abstreckziehen von zylindrischen Hohlkörpern bei Raumtemperatur**
Von Dipl.-Ing. Rolf K. Busch. 86 Seiten Text u. 92 Seiten mit 97 Bildern. Vergriffen

11 **Vorgänge beim elektromagnetischen und elektrohydraulischen Umformen von metallischen Werkstücken**
Von Dipl.-Ing. Herbert Müller. 90 Seiten Text u. 110 Seiten mit 93 Bildern u. 10 Tafeln. 22,— DM

12 **Ein Verfahren zur näherungsweisen Berechnung des Spannungs- und Formänderungszustandes beim Fließen starrplastischer Werkstoffe**
Von Dipl.-Ing. Gerhard Adler. 124 Seiten Text u. 76 Seiten mit 72 Bildern. Vergriffen

13 **Modellgesetzmäßigkeiten beim Rückwärtsfließpressen geometrisch ähnlicher Näpfe**
Von Dipl.-Ing. Dieter Kast. 101 Seiten Text u. 73 Seiten mit 60 Bildern u. 6 Tafeln. Vergriffen

14 **Untersuchungen über das Genauschneiden von Stahl und Nichteisenmetallen**
Von Dipl.-Ing. Wilfried Krämer. 96 Seiten Text u. 132 Seiten mit 128 Bildern u. 10 Tafeln. Vergriffen

15 **Entwicklung und Erprobung eines Simulators zur reproduzierbaren Nachahmung der Kraft-Weg-Verläufe von Umformvorgängen**
Von Dipl.-Ing. Kurt Schmid. 88 Seiten Text u. 38 Seiten mit 35 Bildern u. 2 Tafeln. 17,— DM

16 **Walzrichten von Metallbändern mit symmetrisch angestellter Fünf-Walzen-Richtmaschine**
Von Dipl.-Ing. Hans-Dietrich Witte. 108 Seiten Text u. 63 Seiten mit 60 Bildern u. 8 Tafeln. 22,— DM

17/18 **Erzeugung räumlicher Blechgebilde mittels Flächenbiegung Konstruktion, Abwicklung und Herstellung von Schraubtorsen aus Blech**
Von Prof. Dr.-Ing. E. h. Dr. techn. h. c. Otto Kienzle.
120 Seiten Text u. 55 Seiten mit 86 Bildern u. 3 Tafeln. 22,— DM

19 **Einfluß der Alterung auf die mechanischen Eigenschaften von Stählen zum Kaltfließpressen**
Von Dipl.-Ing. Vladimir Hasek, CSc. 43 Seiten Text u. 54 Seiten mit 50 Bildern u. 3 Tafeln. 16,— DM

20 **Beitrag zur Frage der Spannungen, Formänderungen und Temperaturen beim axialsymmetrischen Strangpressen**
Von Dipl.-Ing. Rolf Dalheimer. 118 Seiten Text u. 76 Seiten mit 79 Bildern u. 3 Tafeln. Vergriffen

21 **Über den Einfluß der Werkzeuggeschwindigkeit auf den Stauchvorgang**
Von Dipl.-Ing. H.-J. Metzler. 127 Seiten Text u. 100 Seiten mit 94 Bildern u. 6 Tafeln. 25,— DM

22 **Numerische Behandlung von Verfahren der Umformtechnik**
Von Dr.-Ing. Elmar Steck. 67 Seiten Text u. 22 Seiten mit 43 Bildern. 16,— DM

23 **Ein Verfahren zur näherungsweisen Berechnung der Wärmeentwicklung und der Temperaturverteilung beim Kaltstauchen von Metallen**
Von Dipl.-Ing. Walther Pohl. 78 Seiten Text u. 51 Seiten mit 61 Bildern u. 4 Tafeln. 21,— DM

24 **Untersuchungen über das Drückwalzen zylindrischer Hohlkörper und Beitrag zur Berechnung der gedrückten Fläche und der Kräfte**
Von Dipl.-Ing. Hans-Jürgen Dreikandt. 161 Seiten Text u. 79 Seiten mit 73 Bildern u. 6 Tafeln. Vergriffen

25 **Über den Formänderungs- und Spannungszustand beim Ziehen von großen unregelmäßigen Blechteilen**
Von Dipl.-Ing. Vladimir Hasek, CSc. 129 Seiten Text u. 106 Seiten mit 109 Bildern u. 9 Tafeln. 35,— DM

26 **Über die Anisotropie des plastischen Verhaltens stranggepreßter Stäbe aus hexagonalen Metallen**
Von Dipl.-Ing. Günther Schröder. 129 Seiten Text u. 75 Seiten mit 97 Bildern u. 2 Tafeln. Vergriffen

27 **Die Messung der mechanischen Kontaktspannung in der Wirkfuge Werkzeug — Werkstück bei Umformverfahren**
Von Dipl.-Ing. Fritz Dohmann. 99 Seiten Text u. 82 Seiten mit 93 Bildern u. 4 Tafeln. Vergriffen

28 **Beitrag zur rechnerunterstützten Auslegung von Pressengestellen**
Von Dipl.-Ing. Manfred Geiger. 94 Seiten u. 56 Seiten mit 63 Bildern. Vergriffen

29 **Untersuchungen über das Aufweittiefziehen**
Von P. S. Raghupathi, M. E. ISBN 3-7736-0780-6.
80 Seiten Text u. 54 Seiten mit 73 Bildern u. 2 Tafeln. 32,— DM

30 **Faltenbildung als Verfahrensgrenze beim Stauchen von Hohlkörpern**
Von Dipl.-Ing. Klaus Dieterle. ISBN 3-7736-0781-4.
55 Seiten Text u. 35 Seiten mit 43 Bildern u. 3 Tafeln. 28,— DM

31 **Beitrag zur Ermittlung von Fließkurven im kontinuierlichen hydraulischen Tiefungsversuch**
Von Dipl.-Ing. Franc Gologranc. ISBN 3-7736-0785-7.
125 Seiten Text u. 58 Seiten mit 95 Bildern u. 6 Tafeln. Vergriffen

32 **Untersuchungen an Strangpreßmatrizen**
Von Dipl.-Ing. Klaus Gieselberg. ISBN 3-7736-0786-5.
101 Seiten Text u. 56 Seiten mit 69 Bildern. 45,— DM

33 **Beitrag zur Messung der Strangoberflächentemperatur beim Strangpressen**
Von Dipl.-Ing. Karl-Heinz Friedrich. ISBN 3-7736-0787-3.
83 Seiten Text u. 90 Seiten mit 84 Bildern u. 3 Tafeln. 48,— DM

34 **Über das Umformverhalten von Blechen aus Titan und Titanlegierungen**
Von Dipl.-Ing. Hans Wilhelm. ISBN 3-7736-0788-1.
107 Seiten Text u. 69 Seiten mit 76 Bildern u. 13 Tafeln. 48,— DM

35 **Untersuchung der magnetischen Induktion, Stromdichte und Kraftwirkung bei der Magnetumformung**
Von Dipl.-Ing. Volker Schmidt. ISBN 3-7736-0789-X.
60 Seiten Text u. 53 Seiten mit 84 Bildern. 21,— DM

36 **Der Stofffluß beim kombinierten Napffließpressen**
Von Dipl.-Ing. Rolf Geiger. ISBN 3-7736-0790-3.
111 Seiten Text u. 74 Seiten mit 80 Bildern u. 6 Tafeln. Vergriffen

37 **Beitrag zum Verhalten superplastischer Werkstoffe beim Massivumformen**
Von Dipl.-Ing. Hans Schelosky. ISBN 3-7736-0791-1.
123 Seiten Text u. 61 Seiten mit 60 Bildern u. 4 Tafeln. 48,— DM

38 **Energieumsatz beim elektrohydraulischen Umformen**
Von Dipl.-Ing. Hans-Joachim Weckerle. ISBN 3-7736-0792-X.
103 Seiten Text u. 46 Seiten mit 56 Bildern. 45,— DM

39 **Elastische Wechselwirkungen an Gestell und Hauptgetriebe weggebundener Pressen**
Von Dipl.-Ing. Lutz Schemperg. ISBN 3-7736-0793-8.
91 Seiten Text u. 58 Seiten mit 65 Bildern u. 3 Tafeln. 45,— DM

40 **Über das plastische Verhalten von Sintermetallen bei Raumtemperatur**
Von Dipl.-Ing. Hartmut Höneß. ISBN 3-7736-0794-6.
84 Seiten Text u. 54 Seiten mit 67 Bildern u. 2 Tafeln. 45,— DM

41 **Untersuchungen zum Halbwarmfließpressen von Stahl**
Von Dr.-Ing. Rolf Geiger, Dipl.-Ing. Eckart Dannenmann und Dipl.-Ing. Jean Stefanakis.
ISBN 37736-0795-4. 50 Seiten Text u. 33 Seiten mit 34 Bildern u. 2 Tafeln. Vergriffen

42 **Änderung der Werkstoffeigenschaften beim Ziehen von zylindrischen Hohlkörpern aus austenitischen und ferritischen nichtrostenden Stählen**
Von Dipl.-Ing. Rolf Zeller. ISBN 3-7736-0796-2.
80 Seiten Text u. 52 Seiten mit 34 Bildern u. 2 Tafeln. 38,— DM

43 **Untersuchungen über das Fließpressen superplastischer Werkstoffe**
Von Dr.-Ing. Hans Schelosky. ISBN 3-7736-0797-0.
36 Seiten Text u. 24 Seiten mit 26 Bildern u. 1 Tafel. 30,— DM

44 **Umformende Bearbeitung in flexiblen Fertigungssystemen**
Von Dipl.-Ing. Hartmut Kaiser. ISBN 3-7736-0798-9.
87 Seiten Text u. 24 Seiten mit 47 Bildern. 36,— DM

45 **Geometrische Eigenschaften tiefgezogener kreiszylindrischer Näpfe**
Von Dipl.-Ing. Dieter Schlosser. ISBN 3-7736-0799-7.
107 Seiten Text u. 64 Seiten mit 60 Bildern u. 9 Tafeln. 48,— DM

46 **Die Eigenschaften einer AlZnMgCu-Legierung nach ausgewählten Kombinationen von Wärmebehandlung und Kaltumformung**
Von Dipl.-Ing. Karl Hankele. ISBN 3-7736-0880-2.
86 Seiten Text u. 51 Seiten mit 52 Bildern u. 4 Tafeln. 45,— DM

47 **Kaltmassivumformen von Sintermetall**
Von Dipl.-Ing. Hans Dieter Schacher. ISBN 3-7736-0881-0.
84 Seiten Text u. 44 Seiten mit 47 Bildern u. 5 Tafeln. 42,— DM

48 **Rechnerunterstützte Arbeitsplanerstellung und Kostenrechnung beim Kaltmassivumformen von Stahl**
Von Dipl.-Ing. Peter Noack. ISBN 3-7736-0882-9.
216 Seiten Text u. 116 Seiten mit 134 Bildern u. 23 Tafeln. 65,— DM

49 **Beitrag zur beanspruchungsgerechten Auslegung von rotationssymmetrischen Fließpreßmatrizen**
Von Dipl.-Ing. Günther Krämer. ISBN 3-7736-0883-7.
94 Seiten Text u. 53 Seiten mit 56 Bildern. 48,— DM

50 **Erzeugung gratfreier Schnittflächen durch Aufteilen des Schneidvorgangs (Konterschneiden)**
Von Dipl.-Ing. Heinz Liebing. ISBN 3-7736-0884-5.
87 Seiten Text u. 51 Seiten mit 55 Bildern u. 4 Tafeln. 46,— DM

Die Berichte 1 bis 28 sind zu beziehen durch das Institut für Umformtechnik, Holzgartenstr. 17, 7000 Stuttgart 1
Die Berichte 29 bis 50 sind zu beziehen durch den Verlag W. Girardet, Postfach 9, 4300 Essen

51 **Berechnung der elastischen Eigenschaften von Baugruppen im Pressenbau**
Von Dipl.-Ing. Herbert Blum. ISBN 3-540-09804-6.
151 Seiten mit 55 Abbildungen. 48,— DM

52 **Untersuchung der Verfahrensgrenzen beim 180°-Biegen von Fein- und Mittelblechen**
Von Dipl.-Phys. Wolfgang Schaub. ISBN 3-540-09881-X.
65 Seiten mit 24 Abbildungen. 38,— DM

53 **Abstreckgleitziehen von nichtrostenden austenitischen Stählen**
Von Dipl.-Ing. Jobst-H. Kerspe. ISBN 3-540-09882-8.
109 Seiten mit 36 Abbildungen. 43,— DM

54 **Fließpressen von Stahl im Temperaturbereich 773 K (500 °C) bis 1073 K (800 °C)**
Von Dipl.-Ing. Ulrich Diether. ISBN 3-540-09959-X.
165 Seiten mit 80 Abbildungen. 48,— DM

55 **Die numerisch gesteuerte Radial-Umformmaschine und ihr Einsatz im Rahmen einer flexiblen Fertigung**
Von Dipl.-Ing. Peter Metzger. ISBN 3-540-10073-3.
158 Seiten mit 65 Abbildungen. 43,— DM

56 **Möglichkeiten zur Steuerung des Stoffflusses beim Ziehen großer unregelmäßiger Blechteile**
Von Dr.-Ing. Vladimir V. Hasek, CSc. ISBN 3-540-10074-1.
193 Seiten mit 96 Abbildungen. 48,— DM

57 **Beitrag zur Arbeitsgenauigkeit des Kaltmassivumformens**
Von Dipl.-Ing. Herbert Leykamm. ISBN 3-540-10363-5.
165 Seiten mit 84 Abbildungen und 5 Tabellen. 48,— DM

58 **Untersuchungen über das Verjüngen von zylindrischen Vollkörpern**
Von Dipl.-Ing. Helmut Binder. ISBN 3-540-10466-6.
146 Seiten mit 50 Abbildungen und 3 Tabellen. 43,— DM

59 **Umformverhalten legierter Sintereisen**
Von Dipl.-Ing. Manfred Stilz. ISBN 3-540-11051-8.
170 Seiten mit 75 Abbildungen und 5 Tabellen. 48,— DM

Die Berichte 51 und folgende sind zu beziehen durch den Springer-Verlag, Berlin Heidelberg New York

GPSR Compliance

The European Union's (EU) General Product Safety Regulation (GPSR) is a set of rules that requires consumer products to be safe and our obligations to ensure this.

If you have any concerns about our products, you can contact us on ProductSafety@springernature.com

In case Publisher is established outside the EU, the EU authorized representative is:

Springer Nature Customer Service Center GmbH
Europaplatz 3
69115 Heidelberg, Germany

Batch number: 10682421

Printed by Printforce, the Netherlands